全国高等院校土建类应用型规划教材
住房和城乡建设领域关键岗位技术人员培训教材

建筑电气工程

《建筑电气工程》编委会　编

主　　编：袁进东　李双喜
副 主 编：陈英杰　王天琪
组编单位：住房和城乡建设部干部学院
北京土木建筑学会

中国林业出版社

图书在版编目（CIP）数据
建筑电气工程 /《建筑电气工程》编委会编. —北京：中国林业出版社，2019.5
住房和城乡建设领域关键岗位技术人员培训教材
ISBN 978-7-5219-0027-9

Ⅰ.①建… Ⅱ.①建… Ⅲ.①房屋建筑设备－电气设备－建筑安装－工程施工－技术培训－教材 Ⅳ.①TU85

中国版本图书馆 CIP 数据核字（2019）第 065525 号

本书编写委员会
主　编：袁进东　李双喜
副主编：陈英杰　王天琪
组编单位：住房和城乡建设部干部学院　北京土木建筑学会

国家林业和草原局生态文明教材及林业高校教材建设项目
策　　划：杨长峰　纪　亮
责任编辑：陈　惠　王思源　吴　卉　樊　菲

出版：中国林业出版社
（100009 北京西城区德内大街刘海胡同 7 号）
网站：http://lycb.forestry.gov.cn/
印刷：固安县京平诚乾印刷有限公司
发行：中国林业出版社
电话：(010)83143610
版次：2019 年 5 月第 1 版
印次：2019 年 5 月第 1 次
开本：1/16
印张：13
字数：200 千字
定价：80.00 元

编写指导委员会

前　言

“全国高等院校土建类应用型规划教材”是依据我国现行的规程规范，结合院校学生实际能力和就业特点，根据教学大纲及培养技术应用型人才的总目标来编写。本教材充分总结教学与实践经验，对基本理论的讲授以应用为目的，教学内容以必需、够用为度，突出实训、实例教学，紧跟时代和行业发展步伐，力求体现高职高专、应用型本科教育注重职业能力培养的特点。同时，本套书是结合最新颁布实施的《建筑工程施工质量验收统一标准》（GB50300—2013）对于建筑工程分部分项划分要求，以及国家、行业现行有效的专业技术标准规定，针对各专业应知识、应会和必须掌握的技术知识内容，按照“技术先进、经济适用、结合实际、系统全面、内容简洁、易学易懂”的原则，组织编制而成。

考虑到工程建设技术人员的分散性、流动性以及施工任务繁忙、学习时间少等实际情况，为适应新形势下工程建设领域的技术发展和教育培训的工作特点，一批长期从事建筑专业教育培训的教授、学者和有着丰富的一线施工经验的专业技术人员、专家，根据建筑施工企业最新的技术发展，结合国家及地方对于建筑施工企业和教学需要编制了这套可读性强，技术内容最新，知识系统、全面，适合不同层次、不同岗位技术人员学习，并与其工作需要相结合的教材。

本教材根据国家、行业及地方最新的标准、规范要求，结合了建筑工程技术人员和高校教学的实际，紧扣建筑施工新技术、新材料、新工艺、新产品、新标准的发展步伐，对涉及建筑施工的专业知识，进行了科学、合理的划分，由浅入深，重点突出。

本教材图文并茂，深入浅出，简繁得当，可作为应用型本科院校、高职高专院校土建类建筑工程、工程造价、建设监理、建筑设计技术等专业教材；也可作为面向建筑与市政工程施工现场关键岗位专业技术人员职业技能培训的教材。

前言

目　录

第一章　绪　　论

第一节　建筑电气的任务与组成

一、建筑电气的任务和意义

建筑电气是属于技术基础课与专业课之间的交叉课程。它是以电能、电气设备、计算机技术和通信技术为手段，创造、维持和改善室内空间的电、光、热、声以及通信和管理环境的一门科学，使建筑物更充分地发挥其特点，实现其功能。

随着建筑技术的迅速发展和现代化建筑的出现，建筑电气所涉及的范围已由原来单一的供配电、照明、防雷和接地，发展成为近代物理学、电磁学、无线电电子学、机械电子学、光学、声学等理论为基础的应用于建筑工程领域内的一门新兴学科。而且还在逐步应用新的数学和物理知识结合电子计算机技术向综合应用的方向发展。这不仅使建筑物的供配电系统、保安监视系统实现自动化，而且对建筑物内的给水排水系统、空调制冷系统、自动消防系统、保安监视系统、通信及闭路电视系统、经营管理系统等实行最佳控制和最佳管理。因此，现代建筑电气已成为现代化建筑的一个重要标志；而作为一门综合性的技术科学，建筑电气则应建立相应的理论和技术体系，以适应现代建筑设计的需要。

二、建筑电气的组成

利用电气技术、电子技术及近代先进技术与理论，在建筑物内外人为创造并合理保护理想的环境，充分发挥建筑物功能的一切电工、电子设备的系统，统称为建筑电气。各类建筑电气系统虽然作用各不相同，但它们一般都是由用电设备、配电线路、控制和保护设备三大基本部分所组成。

（1）用电设备：照明灯具、家用电器、电动机、电视机、电话、音响等，种类繁多，作用各异，分别体现出各类系统的功能特点。

（2）配电线路：用于传输电能和信号。各类系统的线路均为各种型号的导线或电缆，其安装和敷设方式也都大致相同。

（3）控制、保护等设备：是对相应系统实现控制保护等作用的设备。这些设备常集中安装在一起，组成如配电盘、柜等。

将若干盘、柜常集中安装在同一房间中，即形成各种建筑电气专用房间，这些房间均需结合具体功能，在建筑平面设计中统一安排布置。

第二节　建筑电气与其他专业之间的关系

一、建筑电气与建筑专业的关系

建筑电气与建筑专业的关系，视建筑物的功能不同而不同。在工业建筑设计过程中，生产工艺设计是起主导作用的，土建设计是以满足工艺设计要求为前提，处于配角的地位。

民用建筑设计过程中，建筑专业始终是主导专业，电气专业和其他专业则处于配角的地位，即围绕着建筑专业的构思而开展设计，力求表现和实现建筑设计的意图，并且在工程设计的全过程中服从建筑专业的调度。

由于各专业都有各自的特点和要求，有各自的设计规范和标准，所以在设计中不能片面地强调某个专业的重要而置其他专业的规范于不顾，影响其他专业的技术合理性和使用的安全性。如电气专业在设计中应当在总体功能和效果方面努力实现建筑专业的设计意图，但建筑专业也要充分尊重和理解电气专业的特点，注意为电气专业设计创造条件，并认真解决电气专业所提出的技术要求。

二、建筑电气与建筑设备专业的协调

建筑电气与建筑设备（采暖、通风、上下水、煤气）争夺地盘的矛盾特别多。因此，在设计中应很好地协调，与设备专业合理划分地盘，建筑电气应主动与土建、暖通、上下水、煤气、热力等专业在设计中协调好，而且要认真进行专业间的校对，否则容易造成工程返工和建筑功能上的损失。

总之，只有各专业之间相互理解，相互配合才能设计出既符合建筑设计的意图，又在技术和安全上符合规范、功能满足使用要求的建筑物。

第三节　建筑电气课程性质、要求和学习方法

一、课程性质

建筑电气课程内容涵盖了建筑电工基础、建筑电工技术基础以及建筑电气方面的知识，既有强电，又有弱电，知识面广，理论与实践有机统一，实践性较强。

建筑电气是现代建筑的重要组成部分，现在经常提到的智能建筑，从某种角度讲，在很大程度上要依赖于建筑电气。建筑电气是现代电气技术与现代建筑的巧妙集成。它是一个国家建筑产业状况的具体表征。

二、课程要求

本课程的具体要求是：了解建筑电气的任务、组成以及建筑电气设备和系统的种类；熟悉建筑电气设计施工的原则与程序，能够看懂建筑电气施工图；掌握建筑电气的电工基本理论与知识；掌握建筑电气配电系统的布置，能进行简单的计算；熟悉建筑电气照明，能进行灯具的选择、布置和照度的计算；了解现代建筑的智能化技术。

三、学习方法

学习本课程中应注意的问题：正确处理理论学习与技能训练的关系，在认真学习理论知识的基础上，注意加强技能训练，密切联系生产实际，在教师指导下，深入实际，勤学苦练，注意积累经验，总结规律，逐步培养独立分析解决实际问题的能力。本课程宜安排一次电工工艺实训和建筑电气识图课程设计，时间各为一周。在技能训练过程中，要注意爱护工具和设备，节约材料，严格执行电工安全操作规程，做到安全、文明生产，在识图或设计中熟悉国家规范并按章执行。

第二章 电工技术基础知识

第一节 电路的基本概念

一、电路

1. 电路和电路图

电路是电流通过的路径。电路由电源、负载、连接导线和开关组成。图 2-1 为简单手电筒电路，其中干电池为电源、灯泡为负载，用导线将电源、开关、负载连接起来即为电路。

在实际应用中通常按国家统一规定的图形符号表示电路，称为电路图。如图 2-2 所示为手电筒电路图。

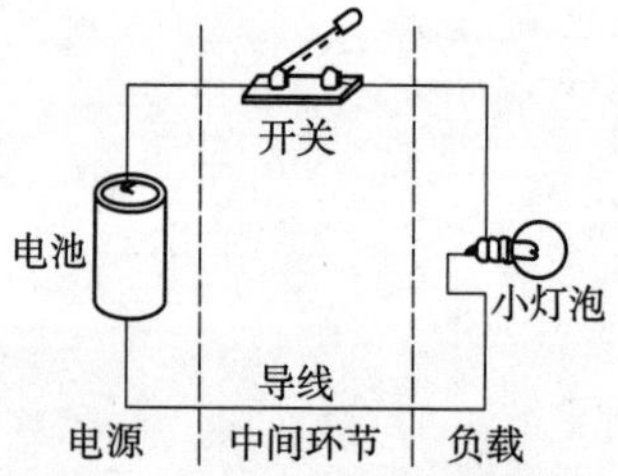

图 2-1 简单手电筒电路

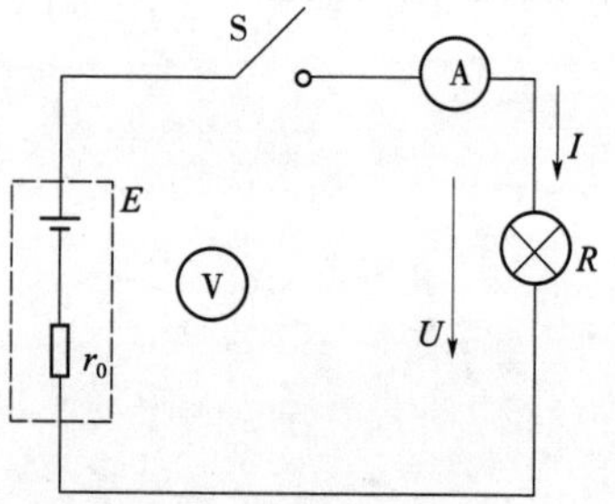

图 2-2 手电筒电路图

2. 电路的三种状态

电路通常有三种状态。

(1)通路：电路中的开关闭合，负载中有电流通过，这种状态一般称为正常工作状态。

(2)开路：电路中某处断开或电路中开关打开，负载(电路)中无电流通过，也称为断路。

(3)短路：电源两端的导线由于某种事故直接相连，负载中无电流通过。短路时，电源向导线提供的电流比正常时大几十至几百倍，直接损害用电设备，因而一般不允许短路。

二、电流和电流强度

1. 电流

在电路中，把电荷的定向运动叫做电流。规定电流的方向为正电荷移动的方向。在闭合电路中，电流的方向为：电流从电源正极流出，通过导线、开关流入负载后回到电源的负极。

2. 电流的分类

电流分成直流电流和交流电流两大类。

(1)直流电流：是指电流的方向不随时间变化的电流。图 2-3 所示即为直流电流中的一种。

(2)交流电流：是指电流的大小和方向随时间作周期性变化的电流。如图 2-4所示为最常见的正弦交流电波形图。

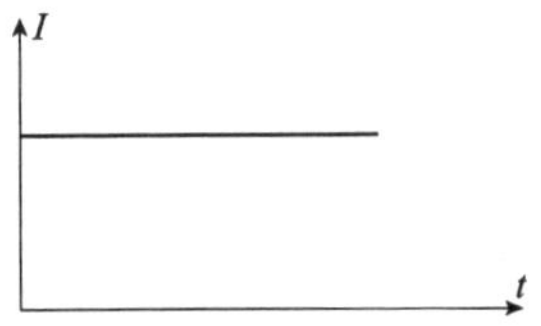

图 2-3　简单手电筒电路

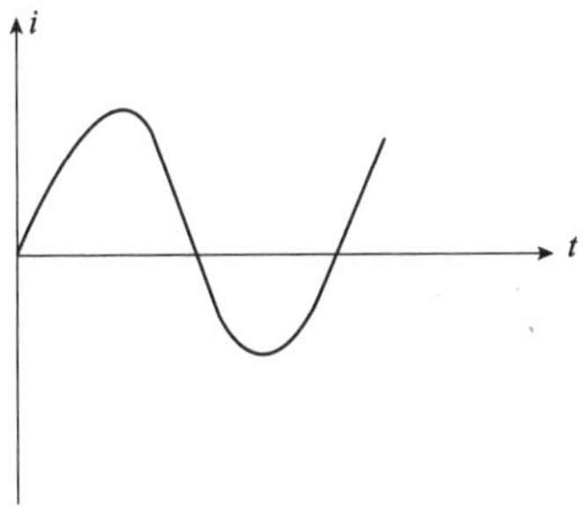

图 2-4　手电筒电路图

3. 电流强度

由于电流产生的效果具有不同的程度，这样就形成电流强度的概念。电流强度又简称为电流，它是用单位时间内通过导体横截面的电量多少来度量的。

$$I=\frac{Q}{t} \tag{2-1}$$

式中：I——电流强度(A)；

Q——t 时间内，通过导体横截面电荷电量(C)；

t——时间(s)。

在国际单位制中，电流强度的单位是安培(A)，简称安。计算微小电流时以毫安(mA)或微安(μA)为单位，它们的关系是：

$$1\text{A}=10^3\text{mA} \qquad 1\text{mA}=10^3\mu\text{A}$$

三、电压和电动势

1. 电压

图 2-5 中 A 和 B 表示负载两端，电流的方向由 A 流向 B，电流通过灯泡时，灯丝变热而发光。为了表示电流强度与做功的本领，引入物理量电压（电位差）U_{AB}：

$$U_{AB}=\frac{W}{Q} \tag{2-2}$$

式中：Q——由 A 端移动到 B 端的电荷电量（C）；

W——电场力对电荷所做的功（J）。

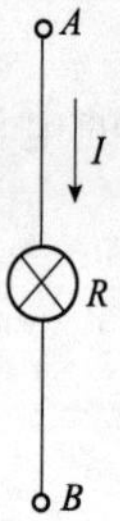

图 2-5 灯泡电流图

在国际单位制中，电压的单位是伏特（V），简称伏。计算微小电压时则以毫伏（mV）或微伏（μV）为单位，计算高电压时则以千伏（kV）为单位，它们的关系是：

$1kV=10^3V$　$1V=10^3mV$　$1mV=10^3\mu V$

电压的方向规定为由高电位端指向低电位端，即为电压降低的方向。选择电流方向与电压方向一致时，电压为正值，如图 2-6 所示。选择电流方向与电压方向相反时，电压为负值，如图 2-7 所示。

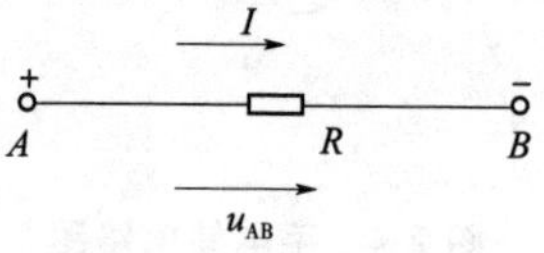

图 2-6 正电压图

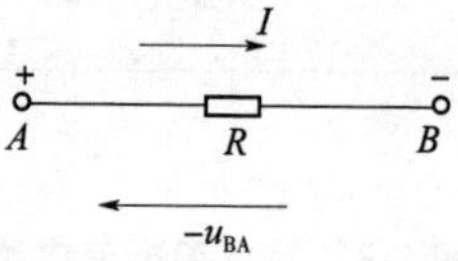

图 2-7 负电压图

2. 电动势

电源为了不断地维持电路中的电流，就必须用外力不断地将其内部的正负电荷分离，并将正电荷送到正极，负电荷送到负极。由于外力的作用，将电源中正负电荷分离所做的功与被分离电荷的电量之比，即为电动势。

$$E=\frac{W_{外}}{Q} \tag{2-3}$$

式中：E——电源电动势（V）；

$W_{外}$——外力所做的功（J）；

Q——外力分离电荷电量（C）。

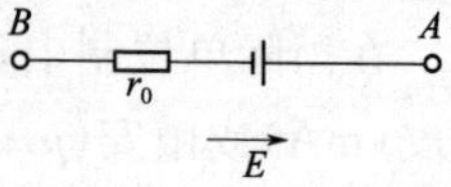

图 2-8 电动势方向图

规定：电源内部电动势的方向为由低电位端指向高电位端，即电位升高的方向，如图 2-8 所示。

四、电阻与欧姆定律

1. 电阻

导体对电流的阻碍作用叫该导体的电阻，用符号“R”表示。电阻的单位为欧姆（Ω），高电阻的单位用千欧（kΩ）或兆欧（MΩ）。它们的关系是：

$$1\text{M}\Omega=10^3\text{k}\Omega \qquad 1\text{k}\Omega=10^3\Omega$$

导体电阻是客观存在的，导体两端电阻为：

$$R=\rho\frac{L}{S} \tag{2-4}$$

式中：ρ——电阻率，ρ 值的大小由导体材料决定，常用单位为$\frac{\Omega\cdot \text{mm}^2}{\text{m}}$，国际单位为 $\Omega\cdot\text{m}$；

L——导体的长度（m）；

S——导体的横截面积（mm^2）。

导体电阻的大小除了与以上因素有关外，还与导体的温度有关，对于一般金属材料，温度升高导体电阻亦增加。

2. 欧姆定律

（1）部分电路欧姆定律。

导体中的电流 I 与加在导体两端的电压 U 成正比，与导体两端的电阻 R 成反比，公式表示为：

$$I=\frac{U}{R} \tag{2-5}$$

式中：I——通过导体的电流（A）；

U——导体两端电压（V）；

R——导体电阻（Ω）。

欧姆定律公式成立的条件是电压方向和电流方向一致，如图 2-9 所示。

（2）全电路欧姆定律。

含有电源的闭合回路称为全电路；图 2-10 所示虚线框内 r_0 表示电源内电阻。当开关 S 闭合时，负载中有电流通过。电动势、内阻、负载电阻和电路中电流之间的关系式为：

$$I=\frac{E}{R+r_0}$$

全电路欧姆定律还可以写成：

$$E=I(R+r_0)=IR+Ir_0=U+U_0 \tag{2-6}$$

式中：$U=I\cdot R$——电阻两端电压；

$U_0=I\cdot r_0$——内电阻两端电压。

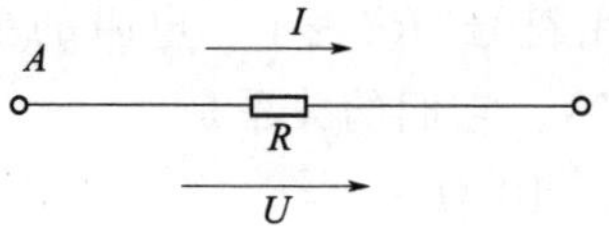

图 2-9 电压与电流方向

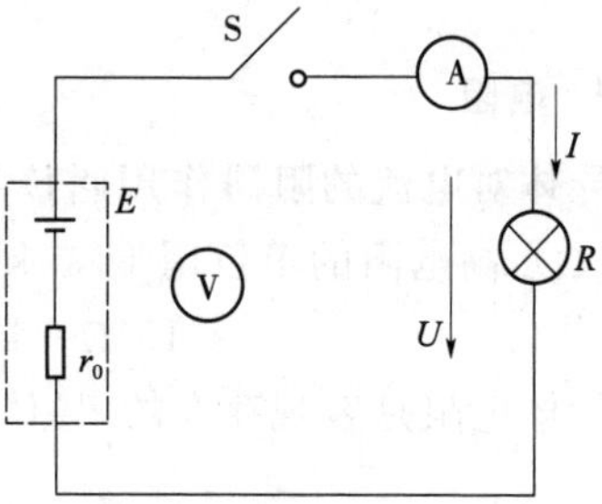

图 2-10 实际电路图

五、电功、电功率与焦耳定律

1. 电功

电流做功的大小称为电功。电流做了多少功，就有多少电能转变为其他形式的能量。

电功的大小与电压、电流强度和通电时间有关，公式如下：

$$W=UIt \tag{2-7}$$

式中：U——负载两端的电压(V)；

I——通过负载的电流强度(A)；

t——通电时间(s)；

W——电功(J)。

2. 电功率

电功率是指某一电路在单位时间内所做的功，用符号“P”表示。

$$P=\frac{W}{t}=\frac{UIt}{t}=UI \tag{2-8}$$

由式(2-8)可知，电功率的大小是一个与通电时间无关的量。电功率单位为瓦特(W)。

$$1W=1J/s=1V\cdot A$$

大的电功率单位为千瓦(kW)，小的电功率单位为毫瓦(mW)。

3. 焦耳定律

电流通过导体所产生的热量，跟电流强度的二次方、导体的电阻和通电时间的乘积成正比，这就是焦耳定律。用公式表示为：

$$Q=I^2Rt \tag{2-9}$$

式中：I——通过导体的电流(A)；

R——导体电阻（Ω）；

t——通电时间（s）。

对于由白炽灯、电炉等纯电阻的组成电路，由于电路两端电压 $U=IR$，因此 $I^2Rt=UIt$。可见，电流所做的功跟产生的热量是相等的。这时电能全部转换成热能，即：

$$W=Q$$

因此，纯电阻电路电流做功的公式可写成：

$$W=I^2Rt=\frac{U^2}{R}t$$

对于由电动机等非纯电阻元件组成的电路，电能除一部分转换成热能外，还有另一部分转换成其他形式的能量。在这种情况下，电流做的功仍是 UIt，产生的热量仍是 I^2Rt，但 $Ult\neq I^2Rt$。

六、电阻的连接

在电路中，电阻的连接形式是多种多样的，其中最简单和最常用的是串联与并联。

1. 电阻的串联

把几个电阻的首尾依次用导线连接，组成无分支的电路，使电流依次通过各个电阻的电路形式称为电阻串联电路，如图 2-11 所示。

其特点如下。

（1）流过每个电阻的电流相等。

$$I_1=I_2=I_3$$

（2）电路总电压等于各分电压的代数和。

$$U_{总}=U_1+U_2+U_3$$

（3）电路的总电阻等于各分电阻之和。

$$R_{总}=R_1+R_2+R_3$$

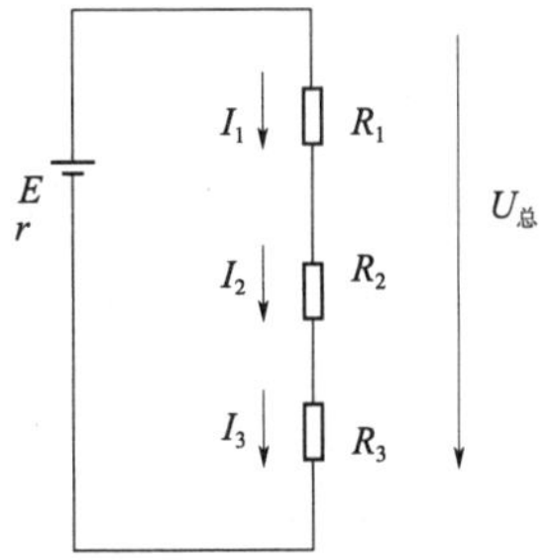

图 2-11 串联电阻图

2. 电阻的并联

将电阻两端即首端都连在一起，末端也都连在一起的方式叫电阻的并联，如图 2-12 所示。

特点如下。

（1）并联电路中各电阻两端电压相等。

$$U_{总}=U_1=U_2=U_3$$

（2）电路中总电流等于各分电流之和。

$$I_{总}=I_1+I_2+I_3$$

(3)并联电路等效电阻的倒数之和等于各并联支路电阻倒数之和。

$$\frac{1}{R_{总}}=\frac{1}{R_1}+\frac{1}{R_2}+\frac{1}{R_3}$$

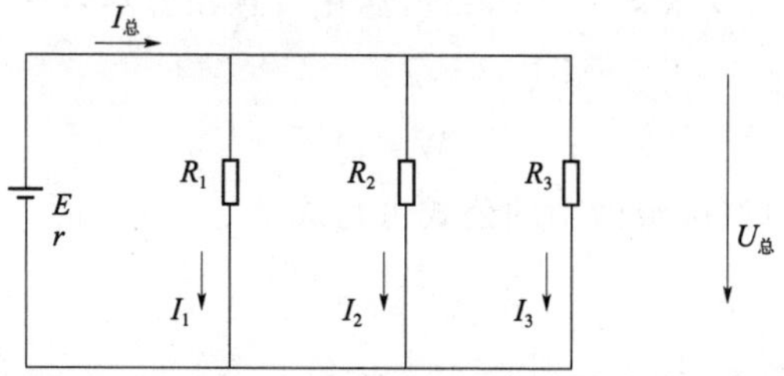

图 2-12　并联电阻图

3. 电阻的混联

在一个电路里,既有电阻串联又有电阻并联的电路,称为混联电路。混联电路的分析方法一般是先按串联或并联电路的特点将电路简化。如图 2-13 中,可以认为 R_1 与 R_2 串联,R_3 与 R_4 串联,R_1+R_2 与 R_3+R_4 并联。即用串并联电路的特点简化成图 2-14 所示电路,即原混联电路简化为由两个电阻所组成的并联电路。

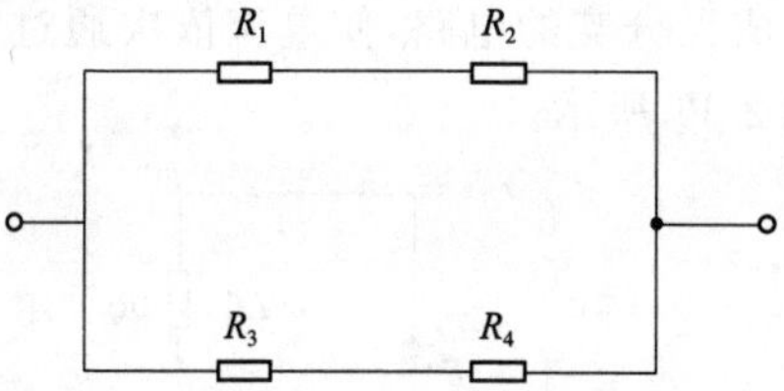

图 2-13　混联电路图

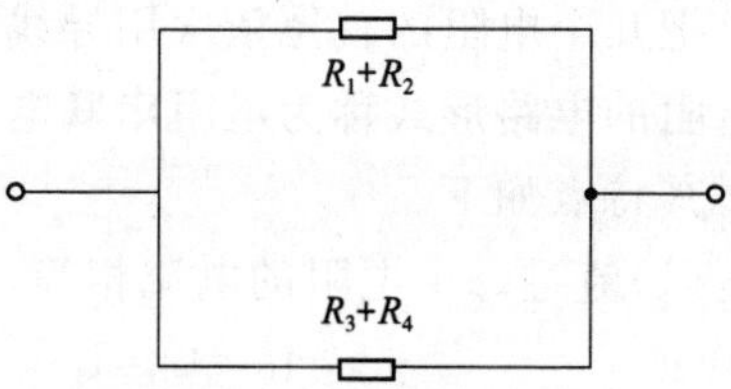

图 2-14　等效电路图

第二节　正弦交流电

一、正弦交流电的三要素

正弦交流电的大小和方向是随时间按正弦规律变化的,要完整准确地描述一个正弦量必须具备三个参数——频率、振幅和初相位。这三个参数通常被称为正弦交流电的“三要素”。

1. 周期和频率

如图 2-15 所示,从 O 点到 b 点所需的时间是变化一个循环的时间,即一个周期(一般用“T”表示)。交流电的周期是用来表示交流电变化快慢的一个物理量。

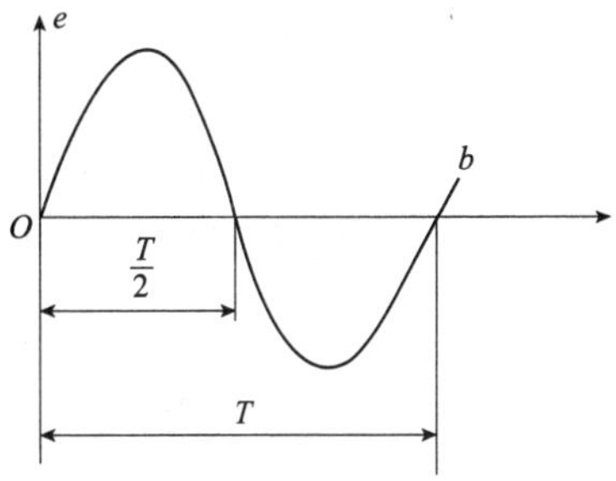

图 2-15　正弦交流电周期示意图

频率就是每秒钟交流电变化的循环数，就是每秒钟所包含的周期数，通常用字母“f”表示。频率的单位是赫兹(Hz)，简称赫。频率与周期互为倒数，即：

$$f=\frac{1}{T} \tag{2-10}$$

频率与发电机的转速 n 及磁极对数 p 之间的关系如下：

设发电机转速为 n 转/min，则每秒钟的转数为 n/60 转，当发电机磁极对数为 p 时，电枢每转一周，感应电动势就要变化 p 个循环。1s 内电枢转了 n/60 转，则电动势在 1s 内变化的循环数(即频率)为：

$$f=\frac{n}{60}\times p \tag{2-11}$$

我们可以在 n、p、f 中知道任意两个时，求出第三个。

2. 振幅

由于正弦交流电的大小总是变化，因此，一般用“最大值”、“有效值”来表示交流电的大小。

“最大值”就是正弦交流电在一个周期的变化中所出现的最大瞬时值，或称为正弦交流电的“振幅值”。通常用 E_m、U_m、I_m 等符号来表示电动势、电压、电流等正弦量的最大值。

3. 初相位

初相位表示在开始计时时($t=0$)时，线圈与中性面之间的夹角，简称初相。初相是反映正弦量初始值的物理量，与线圈的起始位置有关，可以为正，也可以为负或为零。

二、正弦交流电的有效值

用一个大小不随时间变化的电流(或电压、电动势)来表示交流电的大小，这个不变的量产生的热效应与被表示的交流电所产生的热效应相等，这个量就称为交流电的有效值。

经验证，正弦交流电的有效值与其最大值之间的关系为：

$$E=\frac{E_m}{\sqrt{2}}\approx 0.707E_m$$

$$U=\frac{U_m}{\sqrt{2}}\approx 0.707U_m$$

$$I \approx \frac{I_m}{\sqrt{2}} \approx 0.707 I_m$$

一般情况下，所说的交流电的大小是指有效值。电机、电器等的额定电流、额定电压也都用有效值来表示。交流电流表、电压表的读数都是指有效值。

三、三相交流电路

现代生产上的电源，几乎都是三相交流电源，所谓三相交流电，就是三个频率相同、电动势最大值相等，而相位互差120°的正弦交流电。三相交流电路连接方式有如下两种：

(1)星形连接

在三相四线制供电的交流电路中，负载有单相和三相之分。单相负载是只用两根电源线(也可以是一根相线一根中性线)供电的电气设备，如电灯、民用电炉、单相电动机等，单相负载大都使用一根火线一根中性线，所以它们的额定电压为220V，电流和功率的计算，根据负载的性质而定。三相负载是指三根相线同时供电的电气设备，如三相电动机等。图2-16就是三相负载的星形连接。

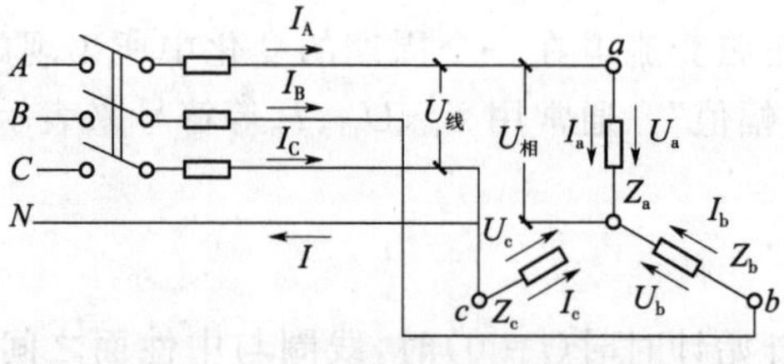

图2-16　三相负载的星形连接

(2)三角形连接

在三相负载中，根据需要也可采取三角形连接，如图2-17所示。

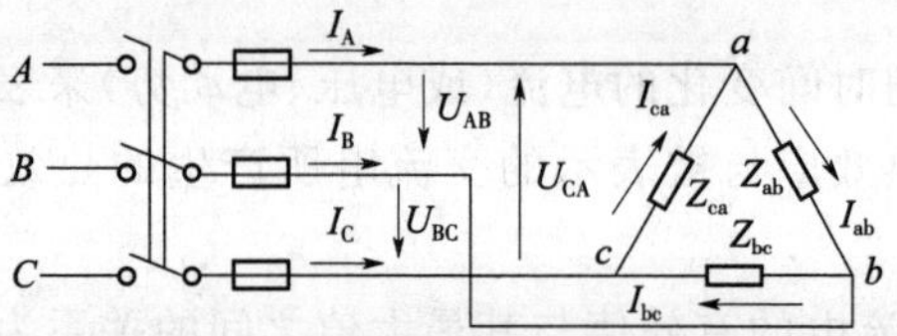

图2-17　三相负载的三角形连接

在三相负载不对称时，三角形接法仍可采用，只要负载正常工作时所需要的电压等于线电压就行。这时线电流仍大于相电流，可以用各相的阻抗除线电压来计算，先求出各相电流，再按矢量相加的办法求出各线电流，这里就不介绍了。

第三节 常用电气工具和仪表

一、电工工具

1. 挤压钳

挤压钳是用来压接导线线鼻子的，分为机械式和液压式两种。机械式的，扳动一根手柄，作用在同一个轴上，螺旋方向相反的螺杆两端，带动冲头，将线鼻子与芯线牢牢地挤压在一起。液压式的，压动手柄，驱动活塞将冲头压入线鼻内，与芯线牢牢地挤压在一起。

挤压接头与焊接相比有很多优点，一是接触好，二是不用加热，三是操作方便，四是连接稳定可靠。

2. 电烙铁

电烙铁主要用来焊接电路和导线。电烙铁从 15～500W 有各种不同的规格。使用电烙铁要注意安全，防止烫伤，同时要远离易燃物品，防止火灾。

3. 紧线钳

紧线钳主要用来收紧架空线路。紧线钳的一端做成小型的台虎钳口，另一端装一个滚轮，与滚轮装在同一个轴上的还有一个棘轮，滚轮的另一端连着一个四方轴头。棘轮的特点是只能向一个方向转动。使用时将钳口夹住导线，将导线的端头绕过对拉瓷瓶，与紧线钳的另一端滚轮上引出的钢丝绳牢固连接。用扳手转动四方轴头，就带动装在同一根轴上的滚轮和棘轮向同一个方向转动，固定在滚轮上的细钢丝绳就被缠绕在滚轮上，钢丝绳的另一端带动绕过瓷瓶的导线，越拉越紧。当紧到合适的程度时，将导线绕过瓷瓶的两端牢牢地绑扎在一起，紧线工作就完成了。有了棘轮的作用紧线时只能往一个方向缠绕，所以线不会松开。要拆下紧线钳时，只需将顶着棘轮的棘爪搬开，紧线钳就可以拆下来了。

二、防护工具

1. 绝缘安全用具

绝缘安全用具分为两大类，一类是基本安全用具，它的绝缘强度高，用来直接接触高压带电体，足以耐受电器设备的工作电压，如高压绝缘拉杆等。另一类是辅助安全用具，它的绝缘强度相对较低，不能作为直接接触带电体的用具使用，如绝缘手套、绝缘靴、绝缘鞋等。使用基本安全用具首先要查看耐压试验的合格证及试验日期。安全用具的耐压试验周期一般为1年。如果超过期限，就不得使用。使用辅助安全用具，除了按照上述要求检查之外，还要做一些性能检验，如绝缘手套要做充气检验，看一下是否漏气。基本安全用具与辅助安全用具是同时配合使用的。

2. 临时接地线

临时接地线是在电气设备检修时，将检修停电区与非停电区用短路接地的方式隔开并保护起来的一种安全用具，如图2-18所示。它的作用主要是防止突然来电造成的触电事故，同时还可以用来防止临近高压设备对检修停电区造成的感应电压伤及作业人员。使用临时接地线要注意的操作顺序是：先停电，再验电，确认无电才能挂接地线，接线时，一定要先接接地端，再接线路端。拆除时顺序相反，一定要先拆线路端，后拆接地端，以防在挂、拆过程中突然来电，危及操作人员安全。临时接地线要用多股软铜线制作，截面积不得小于25mm²。

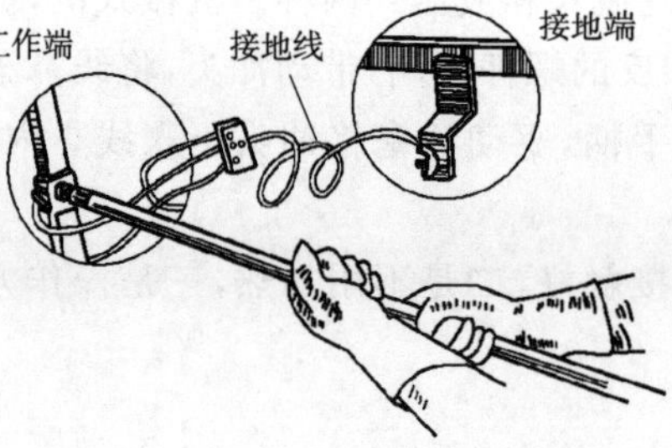

图2-18 临时接地线及使用方法

3. 登高作业安全用具

安全带是电工登高作业的必备安全用具。在使用前，要确认其是否为合格产品。电工安全带由长、短两根带子钉在一起组成，短带拴在腰上，长带子拴在电杆或其他牢固的位置，既要防止作业人员高处坠落，又要保证作业人员工作时有一定的舒适性。使用前还要检查安全带和连接铁件是否牢固、安全、可靠。发现损坏不得使用。

4. 安全标示牌

安全标示牌有很多种，电工用的主要有："止步，高压危险"、"有人工作，禁止合闸"等。它的作用主要是警告有关人员不得接近带电体，提醒有关人员不得向某段电器设备送电。

5. 验电笔

验电笔是用来检验电器设备是否带电的用具。验电笔分为高压和低压两种。低压验电笔一般做成钢笔或螺丝刀的形状，便于携带，有多种实用功能。验电笔由氖管、弹簧、电阻和一个笔形的外壳组成。使用时要捏住笔杆后面的金属部分，也就是验电时，人体成了验电回路的一部分。验电笔中串联的电阻阻值很大，因此不会威胁到人身安全。低压验电笔测量的电压范围在 60～500V 之间。高压验电笔的原理和低压验电笔基本一样，只是电阻更大，笔杆更长。验电笔在使用前应做检验。检验的方法是用验电笔先验已知带电的设备，确认验电笔是好的，再用此验电笔去检验被测设备，确认是否带电。

三、常用电工仪表

电工仪表是用来测量电压、电流、功率、电能等电气参数的仪表。施工现场常用的电工仪表有万用表、钳形电流表、兆欧表、接地电阻表等。

电工仪表的一个重要参数就是准确度，电工仪表的准确度分为 7 级，各级仪表允许的基本误差见表 2-1。

表 2-1　常用电工仪表准确等级

仪表准确度等级	0.1	0.2	0.5	1.0	1.5	2.5	5.0
基本误差/(%)	±0.1	±0.2	0.5	±1.0	±1.5	±2.5	±5.0

仪表准确度等级的数字是指仪表本身在正常工作条件下的最大误差占满刻度的百分数。正常条件下，最大绝对误差是不变的，但在满刻度限度内，被测量的值越小，测量值中误差所占的比例越大。因此，为提高精确度，在选用仪表时，要使测量值在仪表满刻度的 2/3 以上。

第三章 电力系统

第一节 电力系统简介

一、电力系统的概念和功能

电力系统是由发电、输电、变电、配电、用电设备及相应的辅助系统组成的电能生产、输送、分配、使用的统一整体。

电力系统的功能是将自然界的一次能源通过发电动力装置(主要包括锅炉、汽轮机、发电机及电厂辅助生产系统等)转化成电能,再经输、变电系统及配电系统将电能供应到各负荷中心,通过各种设备再转换成动力、热、光等不同形式的能量,为地区经济和人民生活服务。

电力系统的出现,使高效、无污染、使用方便、易于调控的电能得到广泛应用,推动了社会生产各个领域的发展,开创了电力时代。电力系统的规模和技术水准已成为一个国家经济发展水平的标志之一。

二、电力系统的组成

电力系统是由发电厂、输配电网、变电站(所)及电力用户组成。如图 3-1 所示。

1. 发电厂

发电厂是生产电能的工厂,可以将自然界蕴藏的各种一次能源转变为人类能直接使用的二次能源——电能。

根据所取用的一次能源的种类的不同,主要有火力发电厂、水力发电厂、核能发电厂等发电形式,此外还有潮汐发电、地热发电、太阳能发电、风力发电等。

2. 输配电网

输电网是以输电为目的,采用高压或超高压将发电厂、变电所或变电所之间连接起来的送电网络,是电力网中的主网架。

直接将电能送到用户去的网络称为配电网或配电系统,它是以配电为目的的。一般分为高压配电网、中压配电网及低压配电网。

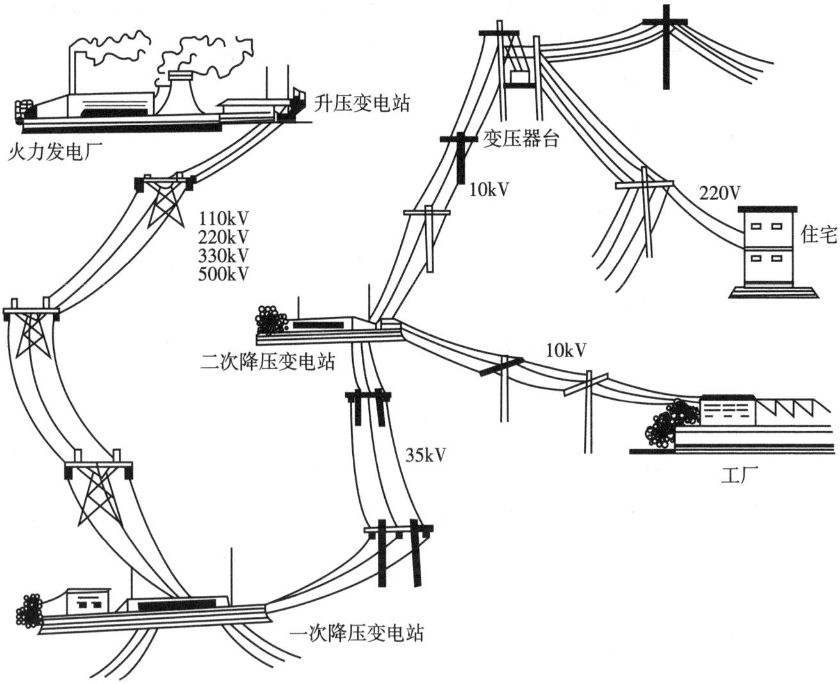

图 3-1　电力系统示意图

按照电压高低和供电范围大小分为区域电网和地方电网。建筑供配电系统属于地方电网的一种。

3. **变电站(所)**

一般情况下,为了减小输电线路上的电能损耗及线路阻抗压降,需要升高电压。为了满足用户的安全和需要,又要降低电压,并将电能分配给各个用户。因此,电力系统中需要能升高和降低电压并能分配电能的变电站(所)。

变电站(所)就是电力系统中变换电压、接受和分配电能的场所,包括电力变压器、配电装置、二次系统和必要的附属设备等。将仅装有受、配电设备而没有变压器的场所称为配电所。

二次系统又叫二次回路,是指测量、控制、监察和保护一次系统的设别装置。

4. **电力用户**

电力用户主要是电能消耗的场所,如电动机、电炉、照明器等设备。它从电力系统中接受电能,并将电能转化为机械能、热能、光能等。

三、电力系统的额定电压

额定电压是指能使电气设备长期运行的最经济的电压。通常将 35kV 及其以上的电压线路称为送电线路,10kV 及其以下的电压线路称为配电线路。额定电压在 1kV 以上的电压称为高电压,1kV 以下的称为低电压。另外,我国规定的安全电压为 36V、24V、12V 三种。

电力系统电压等级有 220/380V(0.4kV)、3kV、6kV、10kV、20kV、35kV、66kV、110kV、220kV、330kV、500kV。

我国电力系统中,220kV 及以上电压等级用于大型电力系统的主干线,输送距离在几百 km;110kV 电压用于中、小电力系统的主干线,输送距离在 100km 左右;35kV 则用于电力系统的二次网络或大型建筑物、工厂的内部供电,输送距离在 30km 左右;6～10kV 电压用于送电距离为 10km 左右的城镇和工业与民用建筑施工供电;电动机、电热等用电设备,一般采用三相电压 380V 和单相电压 220V 供电;照明用电一般采用 380/220V 供电。电气设备的额定电压等级要与电网额定电压等级一一对应。

电气设备的额定电压等级与电网额定电压等级一致。实际上,由于电网中有电压损失,致使各点实际电压偏离额定值。为了保证用电设备的良好运行,国家对各级电网电压的偏差均有严格的规定。请读者自己查阅相关最新国家标准规范,如《电能质量 供电电压偏差》GB/T 12325—2008。

发电机的额定电压一般比同级电网额定电压高出 5%,用于补偿电网上的电压损失。

变压器的额定电压分为一次和二次绕组。一次绕组其额定电压与电网或发电机电压一致。二次绕组其额定电压应比电网额定电压高 5%。若二次侧输电距离较长的话,还需考虑线路电压损失(按 5%计),此时,二次绕组额定电压比电网额定电压高 10%。

第二节 建筑供配电的负荷分级及供电要求

一、负荷分级

在这里,负荷是指用电设备,“负荷的大小”是指用电设备功率的大小。不同的负荷,重要程度是不同的。重要的负荷对供电质量和供电可靠性的要求高,反之则低。

供电质量是指包括电压、波形和频率的质量;供电可靠性是指供电系统持续供电的能力。我国将电力负荷按其对供电可靠性的要求及中断供电在人身安全、经济损失上造成的影响程度划分为三级,分别为一级、二级、三级负荷。根据最新国家标准《供配电系统设计规范》GB 50052—2009,各级要求如下。

1. 一级负荷

(1)符合下列情况之一时，应视为一级负荷。

1)中断供电将造成人身伤害时。

2)中断供电将在经济上造成重大损失时。

3)中断供电将影响重要用电单位的正常工作。

(2)在一级负荷中，当中断供电将造成人员伤亡或重大设备损坏或发生中毒、爆炸和火灾等情况的负荷，以及特别重要场所的不允许中断供电的负荷，应视为一级负荷中特别重要的负荷。

2. 二级负荷

符合下列情况之一时，应视为二级负荷。

1)中断供电将在经济上造成较大损失时。

2)中断供电将影响较重要用电单位的正常工作。

3. 三级负荷

不属于一级和二级负荷者应为三级负荷。

常见民用建筑中用电负荷分级应符合表 3-1 的规定。

表 3-1 民用建筑中各类建筑物的主要用电负荷分级

序号	建筑物名称	用电负荷名称	负荷级别
1	国家级大会堂、国宾馆、国家级国际会议中心	主会场、接见厅、宴会厅照明，电声、录像、计算机系统用电	一级 *
		客梯、总值班室、会议室、主要办公室、档案室用电	一级
2	国家及省部级政府办公建筑	客梯、主要办公室、会议室、总值班室、档案室及主要通道照明用电	一级
3	国家及省部级计算中心	计算机系统用电	一级 *
4	国家及省级防灾中心、电力调度中心、交通指挥中心	防灾、电力调度及交通指挥计算机系统用电	一级 *
5	地、市级办公建筑	主要办公室、会议室、总值班室、档案室及主要通道照明用电	二级
6	地、市级及以上气象台	气象雷达、电报及传真收发设备、卫星云图接收机及语言广播设备、气象绘图及预报照明用电	一级
7	电信枢纽、卫星地面站	保证通信不中断的主要设备用电	一级 *

（续）

序号	建筑物名称	用电负荷名称	负荷级别
8	电视台、广播电台	国家及省、市、自治区电视台、广播电台的计算机系统用电，直接播出的电视演播厅、中心机房、录像室、微波设备及发射机房用电	一级 *
		语音播音室、控制室的电力和照明用电	一级
		洗印室、电视电影室、审听室、楼梯照明用电	一级
9	剧场	特、甲等剧场的调光用计算机系统用电	一级 *
		特、甲等剧场的舞台照、贵宾室、演员化妆室、舞台机械设备、电声设备、电视转播用电	一级
		甲等剧场的观众厅照明、空调机房及锅炉房电力和照明用电	二级
10	电影院	甲等电影院照明与放映用电	二级
11	博物馆、展览馆	大型博物馆、展览馆安防系统用电；珍贵展品展室的照明用电	一级 *
		展览用电	二级
12	图书馆	藏书量超过100万册及重要图书馆的安防系统、图书检索用计算机系统用电	一级 *
		其他用电	二级
13	体育建筑	特级体育场馆的比赛场（厅）、主席台、贵宾室、接待室、新闻发布厅、广场及主要通道照明、计时记分装置、计算机房、电话机房、广播机房、电台和电视转播及新闻摄影用电	一级 *
		甲级体育场馆的比赛场（厅）、主席台、贵宾室、接待室、新闻发布厅、广场及主要通道照明、计时记分装置、计算机房、电话机房、广播机房、电台和电视转播及新闻摄影用电	一级
		特级及甲级体育场馆中非比赛用电、乙级及以下体育建筑比赛用电设备	二级
14	商场、超市	大型商场及超市的经营管理用计算机系统用电	一级 *
		大型商场及超市的营业厅的备用照明用电	一级
		大型商场及超市自动扶梯、空调用电	二级
		中型商场及超市的营业厅的备用照明用电	二级

（续）

序号	建筑物名称	用电负荷名称	负荷级别
15	银行、金融中心、证交中心	重要的计算机系统和安全防盗系统用电	一级 *
		大型银行营业厅及门厅照明、安全照明用电	一级
		小型银行营业厅及门厅照明用电	二级
16	民用航空港	航空管制、导航、通信、气象、助航灯光系统设施和台站用电，边防、海关的安全检查设备用电、航班预报设备用电，三级以上油库用电	一级 *
		候机楼、外航驻机场办事处、机场宾馆及旅客过夜用房、站坪照明、站坪机务用电	二级
		其他用电	
17	铁路旅客站	大型站和国境站的旅客站房、站台、天桥、地道用电	一级
18	水运客运站	通信、导航设施用电	一级 *
		港口重要作业区、一级客运站用电	二级
19	汽车客运站	一、二级客运站用电	二级
20	汽车库(修车库)、停车场	Ⅰ类汽车库、机械停车设备及采用升降梯作车辆疏散出口的升降梯用电	一级
		Ⅱ、Ⅲ类汽车库和Ⅰ类修车库、机械停车设备及采用升降梯作车辆疏散出口的升降梯用电	二级
21	旅馆饭店	四星级及以上旅馆饭店的经营及设备管理用计算机系统用电	一级 *
		四星级及以上旅馆饭店的宴会厅、餐厅、康乐设施、门厅及高级客房、主要通道等场所的照明用电，厨房、排污泵、生活水泵、主要客梯用电，计算机、电话、电声的录像设备、新闻摄影用电	一级
		三星级及以上旅馆饭店的宴会厅、餐厅、康乐设施、门厅及高级客房、主要通道等场所的照明用电，厨房、排污泵、生活水泵、主要客梯用电，计算机、电话、电声和录像设备、新闻摄影用电，除上栏所述之外的四星级及以上旅馆饭店的用电设备	二级

（续）

序号	建筑物名称	用电负荷名称	负荷级别
22	科研院所、高等院校	四级生物安全实验室等对供电连续性要求极高的国家重点实验室用电	一级 *
		除上栏所述之外的其他重要实验室用电	一级
		主要通道照明用电	二级
23	二级以上医院	重要手术室、重症监护等涉及患者生命安全的设备（如呼吸机等）及照明用电	一级 *
		急诊部、监护病房、手术部、分娩室、婴儿室、血液病房的净化室、血液透析室、病理切片分析、磁共振、介入治疗用CT及X光机扫描室、血库、高压氧舱、加速器机房、治疗室及配血室的电力照明用电，培养箱、冰箱、恒温箱用电，走道照明用电，百级洁净度手术室空调系统用电、重症呼吸道感染区的通风系统用电	一级
		除上栏外的其他手术室空调系统用电，电子显微镜、一般诊断用CT及X光机电源，客梯电力，高级病房、肢体伤残康复病房照明用电	二级
24	一类高层建筑	走道照明、值班照明、警卫照明、障碍照明，主要业务和计算机系统用电，安防系统用电，电子信息设备机房用电，客梯电力，排污泵，生活水泵用电	一级
25	二类高层建筑	主要通道及楼梯间照明用电，客梯用电，排污泵，生活水泵电力	二级

注：1. 负荷级别表中“一级 * ”为一级负荷中特别重要负荷。

2. 各类建筑物的分级见现行的有关设计规范。

3. 本表未包含消防负荷分级，消防负荷负荷分级见参见相关的国家标准规范。

4. 当序号1～23各类建筑物与一类或二类高层建筑的用电负荷级别不相同时，负荷级别应按其中高者确定。

二、供电要求

1. 一级负荷

(1)一级负荷应由双重电源供电，当一电源发生故障时，另一电源不应同时受到损坏。

(2)一级负荷中特别重要的负荷供电，应符合下列要求：

1)除应由双重电源供电外,尚应增设应急电源,并严禁将其他负荷接入应急供电系统。

2)设备的供电电源的切换时间,应满足设备允许中断供电的要求。

2. 二级负荷

二级负荷的供电系统,宜由两回线路供电。在负荷较小或地区供电条件困难时,二级负荷可由一回 6kV 及以上专用的架空线路供电。

3. 三级负荷

三级负荷可按约定供电。

第四章 建筑供配电的负荷计算与无功功率补偿

第一节 计算负荷

一、计算负荷的概念及意义

在进行建筑供配电设计时，需要根据一个假想负荷来确定整个供配电系统的一系列的参数。这个假想负荷就是计算负荷。

计算负荷若估算过高，则会导致资源的浪费和工程投资的提高。反之，若估算过低，则又会使供电系统的线路及电气设备由于承受不了实际负荷过热的电流，加速其绝缘老化的速度，降低使用寿命，增大电能的损坏，甚至使系统发生事故，影响供配电系统的正常可靠运行。因此，求计算负荷的意义重大。

但由于负荷情况复杂，影响计算负荷的因素很多，虽然各类负荷的变化有一定规律可循，但准确确定计算负荷却十分困难。实际上，负荷也不可能是一成不变的，它与设备的性能、生产的组织及能源供应的状况等多种因素有关，因此负荷计算也只能力求接近实际。

二、负荷曲线

负荷曲线是反映电力负荷随时间变化情况的曲线。它直观地反映了用户用电的特点和规律，同类型的工厂、或车间的负荷曲线形状大致相同。

直角坐标上，纵坐标表示用电负荷(有功或无功)，横坐标表示对应于负荷变动的时间。

根据纵坐标表示的功率不同，负荷曲线分有功负荷曲线和无功负荷曲线两种。根据负荷延续时间的不同(即横坐标的取值范围不同)，分为日负荷曲线和年负荷曲线。

日负荷曲线代表用户一昼夜(0～24 时)实际用电负荷的变化情况。如图 4-1 所示。通常，为了计算方便，负荷曲线多绘制成阶梯形，如图 4-2 所示。其时间间隔取得愈短，曲线愈能反映负荷的实际变化情况。负荷曲线与坐标轴所包围的面积就代表相应时间内所消耗的电能数量。

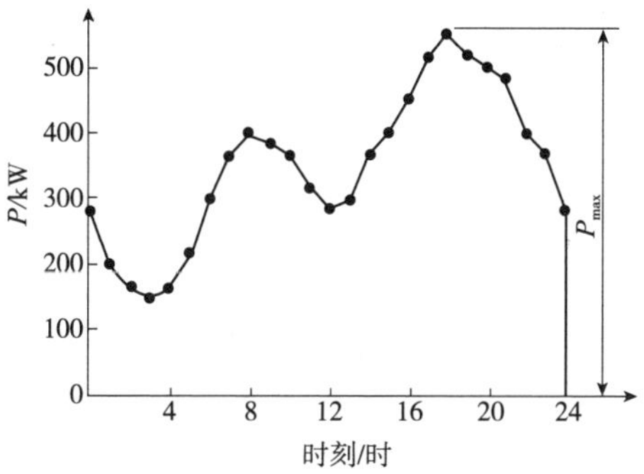

图 4-1　某工厂日负荷曲线

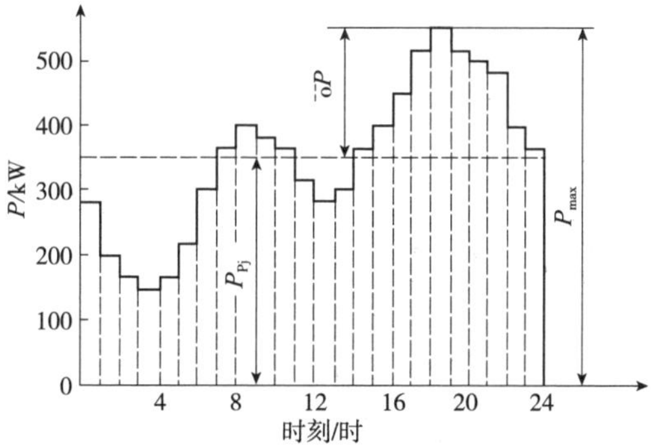

图 4-2　阶梯型日负荷曲线

三、负荷曲线中的几个物理量

1. 年最大负荷

年最大负荷是负荷曲线上的最高点，指全年中最大工作班内半小时平均功率的最大值，并用符号 P_{max}、Q_{max} 和 S_{max} 分别表示年有功、无功和视在最大负荷。所谓最大工作班，是指一年中最大负荷月份内最少出现 2～3 次的最大负荷工作班，而不是偶然出现的某一个工作班。

2. 最大负荷利用小时数

年最大负荷利用小时数 T_{max}，是一个假想时间，是标志工厂负荷是否均匀的一个重要指标。其物理意义是：如果用户以年最大负荷（如 P_{max}）持续运行 T_{max} 小时所消耗的电能恰好等于全年实际消耗的电能，那么 T_{max} 即为年最大负荷利用小时数。将全年所取用的电能与一年内最大负荷相比，所得时间即是年最大负荷利用小时数。

$$T_{max}=\frac{W_p}{P_{max}} \tag{4-1}$$

$$T_{max}(无功)=\frac{W_q}{Q_{max}} \tag{4-2}$$

式中：W_p——有功电量(kW·h)；

W_q——无功电量(kvar·h)。

表 4-1 为各类工厂的最大负荷利用小时数，仅供读者参考。

表 4-1 各类工厂的 T_{max}

工厂类别	年最大负荷利用小时数/h	
	有功	无功
汽轮机制造厂	4960	5240
重型机械制造厂	3770	4840
机床制造厂	4345	4750
重型机床制造厂	3700	4840
工具制造厂	4140	4960
仪器仪表制造厂	3080	3180
电机制造厂	2800	—
电线电缆制造厂	3500	—
电器开关制造厂	4280	6420
化工厂	—	7000
起重运输设备厂	6200	3880
金属加工厂	3300	5880

3. 平均负荷

平均负荷是指电力用户在一段时间内消费功率的平均值，记作 P_{av}、Q_{av}、S_{av}。

如果 P_{av} 为平均有功负荷，其值为用户在 0～t 时间内所消耗的电能 W_p 除以时间 t，即：

$$P_{av}=\frac{W_p}{t} \tag{4-3}$$

式中：W_p——0～t 时间内所消耗的电能(kW·h)。

对于年平均负荷，全年小时数取 8760h，W_p 就是全年消费的总电能。

4. 负荷系数

负荷系数也称负荷率，又叫做负荷曲线填充系数。它是表征负荷变化规律的一个参数。在最大工作班内，平均负荷与最大负荷之比称为负荷系数，并用 α、β 分别表示有功、无功负荷系数，即

$$\alpha=\frac{P_{av}}{P_{max}},\beta=\frac{Q_{av}}{Q_{max}} \tag{4-4}$$

负荷系数越大，则负荷曲线越平坦，负荷波动越小。根据经验，一般工厂负荷系数年平均值为 $\alpha=0.70\sim0.75$、$\beta=0.76\sim0.82$。

相同类型的工厂或车间具有近似的负荷系数。上述数据说明无功负荷曲线比有功负荷曲线平滑。一般 α 值比 β 值低 10%～15%。

5. 需要系数 K_d

$$K_d=\frac{P_{max}}{P_c} \tag{4-5}$$

式中：P_{max}——用电设备组负荷曲线上最大有功负荷(kW)；

P_c——用电设备组的设备功率(kW)。

在供配电系统设计和运行中，常用需要系数 K_d，见表 4-2～表 4-7。

表 4-2　民用建筑照明负荷需要系数

建筑类别	需要系数 K_d	建筑类别	需要系数 K_d	建筑类别	需要系数 K_d
住宅楼	0.4～0.7	图书馆、阅览室	0.8	病房楼	0.5～0.6
科研楼	0.8～0.9	实验室、变电室	0.7～0.8	剧院	0.6～0.7
商店	0.85～0.95	单身宿舍	0.6～0.7	展览馆	0.7～0.8
门诊楼	0.6～0.7	办公楼	0.7～0.8	事故照明	1
影院	0.7～0.8	教学楼	0.8～0.9	托儿所	0.55～0.65
体育馆	0.65～0.75	社会旅馆	0.7～0.8		

表 4-3　10 层及以上民用建筑照明负荷需要系数

户　数	20 户以下	20～50 户	50～100 户	100 户以上
需要系数 K_d	0.6	0.5～0.6	0.4～0.5	0.4

表 4-4　宾馆饭店主要用电设备的需要系数及功率因数

项目	需要系数 K_d	$\cos\phi$	项目	需要系数 K_d	$\cos\phi$
全馆总负荷	0.4～0.5	0.8	厨房	0.35～0.45	0.7
全馆总电力	0.5～0.6	0.8	洗衣房	0.3～0.4	0.7
全馆总照明	0.35～0.45	0.85	窗式空调器	0.35～0.45	0.8
冷冻机房	0.65～0.75	0.8	客房	0.4	

（续）

项目	需要系数 K_d	$\cos\phi$	项目	需要系数 K_d	$\cos\phi$
锅炉房	0.65～0.75	0.75	餐厅	0.7	
水泵房	0.6～0.7	0.8	会议室	0.7	
通风机	0.6～0.7	0.8	办公室	0.8	
电梯	0.18～0.2	DC0.4/AC0.8	车库	1	

表 4-5　民用建筑常用用电设备组的需要系数及功率因数

用电设备组名称	需要系数 K_d	功率因数 $\cos\phi$	$\tan\phi$
照明	0.7～0.8	0.9～0.95	0.48
冷冻机房	0.65～0.75	0.8	0.75
锅炉房、热力站	0.65～0.75	0.75	0.88
水泵站	0.6～0.7	0.8	0.75
通风机	0.6～0.7	0.8	0.75
电梯	0.18～0.22	0.8	0.75
厨房	0.35～0.45	0.85	0.62
洗衣房	0.3～0.35	0.85	0.62
窗式空调器	0.35～0.45	0.8	0.75
舞台照明 100～200kW	0.6	1	0
200kW 以上	0.5	1	0

表 4-6　建筑工地常用用电设备组的需要系数及功率因数

用电设备组名称	需要系数 K_d	功率因数 $\cos\phi$	$\tan\phi$
通风机和水泵	0.75～0.85	0.80	0.75
运输机、传送机	0.52～0.60	0.75	0.88
混凝土及砂浆搅拌机	0.65～0.75	0.65	1.17
破碎机、筛、泥浆、砾石洗涤机	0.70	0.70	1.02
起重机、掘土机、升降机	0.25	0.70	1.02
电焊机	0.45	0.45	1.98
建筑室内照明	0.80	1.0	0
工地住宅、办公室照明	0.40～0.70	1.0	0
变电所照明	0.40～0.70	1.0	0
室外照明	1.0	1.0	0

表 4-7　机械工业需要系数及功率因数

用电设备组名称	需要系数 K_d	功率因数 $\cos\phi$	$\tan\phi$
一般工作制的小批生产金属冷加工机床	0.14～0.16	0.5	1.73
大批生产金属冷加工机床	0.18～0.2	0.5	1.73
小批生产金属热加工机床	0.2～0.25	0.55～0.6	1.51～1.33
大批生产金属热加工机床	0.27	0.65	1.17
生产用通风机	0.7～0.75	0.8～0.85	0.75～0.62
卫生用通风机	0.65～0.7	0.8	0.75
泵、空气压缩机	0.65～0.7	0.8	0.75
不联锁运行的提升机、皮带运输等连续运输机械	0.5～0.6	0.75	0.88
带联锁的运输机械	0.65	0.75	0.88
ε=25%的吊车及电动葫芦	0.14～0.2	0.5	1.73
铸铁及铸钢车间起重机	0.15～0.3	0.5	1.73
轧钢及锐锭车间起重机	0.25～0.35	0.5	1.73
锅炉房、修理、金工、装配车间起重机	0.05～0.15	0.5	1.73
加热器、干燥箱	0.8	0.95～1	0～0.33
高频感应电炉	0.7～0.8	0.65	1.17
低频感应电炉	0.8	0.35	2.67
电阻炉	0.65	0.8	0.75
电炉变压器	0.35	0.35	2.67
自动弧焊变压器	0.5	0.5	1.73
点焊机、缝焊机	0.35～0.6	0.6	1.33
对焊机、铆钉加热器	0.35	0.7	1.02
单头焊接变压器	0.35	0.35	2.67
多头焊接变压器	0.4	0.5	1.73
点焊机	0.1～0.15	0.5	1.73
高频电阻炉	0.5～0.7	0.7	1.02
自动装料电阻炉	0.7～0.8	0.98	0.2
非自动装料电阻炉	0.6～0.7	0.98	0.2

注：1. 一般动力设备为 3 台以下时，需要系数为 $K_d=1$。

2. 照明负荷需要系数的大小与灯的控制方式和开启率有关。大面积集中控制的灯比相同建筑面积的多个小房间分散控制的灯需要系数大。插座容量的比例大时，需要系数的选择可以偏小些。

3. 消防负荷的需要系数为 $K_d=1$。

四、负荷计算的主要内容

1. 设备容量

设备容量也称安装容量，它是用户安装的所有用电设备的额定容量或额定功率(设备铭牌上的数据)之和，是配电系统设计和负荷计算的基础资料和依据。

2. 计算负荷

计算负荷也称为计算容量、需要负荷或最大负荷。它标志用户的最大用电功率。计算负荷是一个假想的持续性负荷。其热效应与同一时间内实际变动负荷所产生的最大热效应相等，是配电设计时选择变压器、确定备用电源容量、无功补偿容量和季节性负荷的依据，也是计算配电系统各回路中电流的依据。

3. 一级、二级负荷及消防负荷

一级、二级负荷及消防负荷用以确定变压器的台数和容量、备用电源或应急电源的形式、容量及配电系统的形式等。

4. 季节性负荷

从经济运行条件出发，季节性负荷用以考虑变压器的台数和容量。

5. 计算电流

计算电流是计算负荷在额定电压下的电流。它是配电系统设计的重要参数，是选择配电变压器、导体、电器、计算电压偏差、功率损耗的依据，也可以作为电能损耗及无功功率的估算依据。

6. 尖峰电流

尖峰电流也叫做冲击电流，是指单台或多台冲击性负荷设备在运行过程中，持续时间在1s左右的最大负荷电流。它是计算电压损失、电压波动和选择导体、电器及保护元件的依据。大型冲击性电气设备的有功、无功尖峰电流是研究供配电系统稳定性的基础。

第二节　用电设备的主要工作特征

用电设备的工作制分为以下几种。

1. 长期连续工作制

这类电气设备在运行工作中能够达到稳定的温升，能在规定环境温度下连续运行，设备任何部分的温度和温升均不超过允许值，它们的工作时间较长，温度稳定。

2. 短时工作制

这类电气设备的工作时间较短，而停歇时间相对较长，如机床上的某些辅助电动机(如进给电动机、升降电动机、水渠闸门电动机等)。短时工作制的用电设备在工作时间内，电器载流导体不会达到稳定的温升，断电后却能完全冷却至环境温度。

3. 断续周期工作制

这类设备周期性地工作—停歇—工作，如此反复运行，而工作周期一般不超过 10min，如电焊机和起重机械。断续周期工作制的用电设备在工作时间内，电器载流导体不会达到稳定的温升，停歇时间内也不会完全冷却，在工作循环期间内温升会逐渐升高并最终达到稳定值。

断续周期工作制的设备，可用暂载率(又称负荷持续率)来代表其工作特征。

暂载率为一个工作周期内工作时间与工作周期的百分比，用 ε 来表示，即：

$$\varepsilon=\frac{t}{T}\cdot 100\%=\frac{t}{t+t_0}\cdot 100\% \tag{4-6}$$

式中：T——工作周期；

t——工作周期内的工作时间；

t_0——工作周期内的停歇时间。

工作时间加停歇时间称为工作周期。根据中国的技术标准，规定工作周期以 10min 为计算依据。吊车电动机的标准暂载率分为 15%、25%、40%、60%四种；电焊设备的标准暂载率分为 50%、65%、75%、100%四种。其中自动电焊机的暂载率为 100%。在建筑工程中通常按 100%考虑。

第三节　负荷计算的方法

一、负荷计算的方法及用途

常用的负荷计算方法有需要系数法、利用系数法、二项式法、单位面积功率法等几种。

1. 需要系数法

用设备功率乘以需要系数和同时系数(一般 $K_{\Sigma}=0.9$)，直接求出计算负荷。这种方法比较简便，应用也较为广泛，尤其适用于变配电所的负荷计算。

2. 利用系数法

利用系数求出最大负荷班的平均负荷，再考虑设备台数和功率差异的影响，乘以与有效台数有关的最大系数得出计算负荷。这种方法的理论根据是概率论和数理统计,因而计算结果比较接近实际。这种方法适用于各种范围的负荷计算,但计算过程相对复杂。

3. 二项式法

将负荷分为基本部分和附加部分,后者考虑一定数量大容量设备影响,适用于机修类用电设备计算,其他各类车间和车间变电所施工设计亦常采用,二项式法计算结果一般偏大。

4. 单位面积功率法等

单位面积功率法、单位指标法和单位产品耗电量法,两者多用于民用建筑。后者适用于某些工业,用于可行性研究和初步设计阶段电力负荷估算。

5. 台数较少的用电设备

3 台及 2 台用电设备的计算负荷,取各设备功率之和;4 台用电设备的计算负荷,取设备功率之和乘以系数 0.9。

由于建筑电气负荷具有负荷容量小、数量多且分散的特点,所以需要系数法、单位面积功率法和单位指标法比较适合建筑电气的负荷计算。根据《民用建筑设计规范》的规定,负荷计算方法选取原则是:一般情况下需要系数法用于初步设计及施工图设计阶段的负荷计算;而单位面积功率法和单位指标法用于方案设计阶段进行电力负荷估算。对于住宅,在设计的各个阶段均可采用单位指标法。

二、设备功率的确定

进行负荷计算时,需将用电设备按其性质分为不同的用电设备组,然后确定设备功率。

用电设备的额定功率 P_r 以及额定容量 S_r 是指铭牌上的数据。对于不同暂载率下的额定功率或额定容量,应换算为统一暂载率下的有功功率,即设备功率 P_e。

(1)连续工作制。

$$P_e = P_r \tag{4-7}$$

式中:P_r——电动机的额定功率(kW)。

(2)短时工作制。

设备功率等于设备额定功率

$$P_e = P_r \tag{4-8}$$

(3)断续工作制。

如起重机用电动机、电焊机等,其设备功率是指将额定功率换算为统一负载持续率下的有功功率。

1）当采用需要系数法和二项式法计算负荷时，起重机用电动机类的设备功率为统一换算到负载持续率 $\varepsilon=25\%$下的有功功率。

$$P_e=\sqrt{\frac{\varepsilon_r}{\varepsilon_{25}}}P_r=2P_r\sqrt{\varepsilon_r} \tag{4-9}$$

式中：P_r——负载持续率为 ε_r时的电动机的额定功率（kW）；

ε_r——电动机的额定负载持续率。

2）当采用需要系数法和二项式法计算负荷时，断续工作制电焊机的设备功率是指将额定容量换算到负载持续率 $\varepsilon=100\%$时的有功功率。

$$P_e=\sqrt{\frac{\varepsilon_r}{\varepsilon_{100}}}P_r=\sqrt{\varepsilon_r}S_r\cos\phi \tag{4-10}$$

式中：S_r——负载持续率为 ε_r时的电焊机的额定容量（kVA）；

ε_r——电焊机的额定负载持续率；

$\cos\phi$——电焊机的功率因数。

三、需要系数法确定计算负荷

1. 用电设备组的计算负荷及计算电流

（1）有功功率。

$$P_C=K_d\cdot P_e(\mathrm{kW}) \tag{4-11}$$

（2）无功功率。

$$Q_C=P_C\cdot\tan\phi(\mathrm{kvar}) \tag{4-12}$$

（3）视在功率。

$$S_C=\sqrt{P_C^2+Q_C^2}(\mathrm{kVA}) \tag{4-13}$$

（4）计算电流。

$$I_C=\frac{S_C}{\sqrt{3}U_r}(\mathrm{A}) \tag{4-14}$$

式中：P_e——用电设备组的设备功率（kW）；

K_d——需要系数，见表 4-2～表 4-7。

$\tan\varphi$——用电设备组的功率因数角的正切值；

U_r——用电设备额定电压（线电压）（kV）。

【例 4-1】 已知小型冷加工机床车间 0.38kV 系统，拥有设备如下：

（1）机床 35 台总计 98.00kW；（$K_{d1}=0.20$ $\cos\phi_1=0.50$ $\tan\phi_1=1.73$）

（2）通风机 4 台总计 5.00kW；（$K_{d2}=0.80$ $\cos\phi_2=0.80$ $\tan\phi_2=0.75$）

（3）电炉 4 台总计 10.00kW；（$K_{d3}=0.80$ $\cos\phi_3=1.00$ $\tan\phi_3=0.00$）

(4) 行车 2 台总计 5.60kW；($K_{d4}=0.80$ $\cos\phi_4=0.80$ $\tan\phi_4=0.75$ $\varepsilon_4=15\%$)

(5) 电焊机 3 台总计 17.50kVA；($K_{d5}=0.35$ $\cos\phi_5=0.60$ $\tan\phi_5=1.3$ $\varepsilon_5=65\%$)

试求：每组负荷的计算负荷(P_c、Q_c、S_c、I_c)？

解：(1)机床组为连续工作制设备，故 $P_e=P_r$

$$P_{C1}=K_{d1}P_{e1}=0.20\times98\text{kW}=19.60\text{kW}$$

$$Q_{C1}=P_{C1}\tan\phi_1=19.60\times1.73\text{kvar}=33.91\text{kvar}$$

$$S_{C1}=\sqrt{P_{C1}^2+Q_{C1}^2}=\sqrt{19.60^2+33.91^2}\text{kVA}=39.17\text{kVA}$$

$$I_{C1}=\frac{S_{C1}}{\sqrt{3}\times U_r}=\frac{39.17}{\sqrt{3}\times0.38}\text{A}=59.51\text{A}$$

(2)通风机组为连续工作制设备，故 $P_e=P_r$

$$P_{C2}=K_{d2}P_{e2}=0.80\times5\text{kW}=4.00\text{kW}$$

$$Q_{C2}=P_{C2}\tan\phi_2=4.00\times0.75\text{kvar}=3.00\text{kvar}$$

$$S_{C2}=5.00\text{kVA}$$

$$I_{C2}=7.60\text{A}$$

(3)电炉组为连续工作制设备，故 $P_e=P_r$

$$P_{C3}=K_{d3}P_{e3}=0.8\times10\text{kW}=8.00\text{kW}$$

$$Q_{C3}=P_{C3}\tan\phi_2=8.00\times0.00\text{kvar}=0.00\text{kvar}$$

$$S_{C3}=8.00\text{kVA}$$

$$I_{C3}=12.17\text{A}$$

(4)行车组的设备功率为统一换算到负载持续率 $\varepsilon=25\%$时的有功功率：

$$P_{e4}=2P_{r4}\sqrt{\varepsilon_4}=2\times5.6\times\sqrt{15\%}\text{kW}=4.34\text{kW}$$

$$P_{C4}=K_{d4}P_{e4}=0.80\times4.34\text{kW}=3.47\text{kW}$$

$$Q_{C4}=P_{C4}\tan\phi_4=3.47\times0.75\text{kvar}=2.60\text{kvar}$$

$$S_{C4}=4.34\text{kVA}$$

$$I_{C4}=6.60\text{A}$$

(5)电焊机组的设备功率为统一换算到负载持续率 $\varepsilon=100\%$时的有功功率：

$$P_{e5}=P_{r5}\times\sqrt{\varepsilon_5}\cos\phi_5=17.5\times\sqrt{65\%}\times0.60\text{kW}=8.47\text{kW}$$

$$P_{C5}=K_{d5}P_{e5}=0.35\times8.478=2.96\text{kW}$$

$$Q_{C5}=P_{C5}\tan\phi_5=2.96\times1.33\text{kvar}=3.94\text{kvar}$$

$$S_{C5}=4.93\text{kW}$$

$$I_{C5}=7.50\text{A}$$

2. 多组用电设备组的计算负荷

在配电干线上或在变电所低压母线上，常有多个用电设备组同时工作，但各个用电设备组的最大负荷并非同时出现，因此在求配电干线或变电所低压母线的计算负荷时，应再计入一个同时系数(或叫同期系数)K_{Σ}具体计算如下：

(1)有功功率。

$$P_C = K_{\Sigma P}\sum_{i=1}^{n} P_{ci} \tag{4-15}$$

(2)无功功率。

$$Q_C = K_{\Sigma q}\sum_{i=1}^{n} Q_{ci} \tag{4-16}$$

(3)视在功率。

$$S_C = \sqrt{P_C^2 + Q_C^2} \tag{4-17}$$

(4)计算电流。

$$I_C = \frac{S_C}{\sqrt{3}U_r} \tag{4-18}$$

式中：$\sum_{i=1}^{n} P_{ci}$——n 组用电设备的计算有功功率之和(kW)；

$\sum_{i=1}^{n} Q_{ci}$——n 组用电设备的计算无功功率之和(kvar)；

$K_{\Sigma p}$、$K_{\Sigma q}$——有功功率、无功功率同时系数，分别取 0.8～1.0 和 0.93～1.0。

【例 4-2】已知条件同例题 4-1。当有功功率同时系数 $K_{\Sigma p}=0.90$；无功功率同时系数 $K_{\Sigma q}=0.95$ 时。试求：车间总的计算负荷(P_c、Q_c、S_c、I_c)

解　通过上题的计算，已求出

(1)机床组：$P_{c1}=19.60\text{kW}$　$Q_{c1}=33.91\text{kvar}$

(2)通风机组：$P_{c2}=4.00\text{kW}$　$Q_{c2}=3.00\text{kvar}$

(3)电炉组：$P_{c3}=8.00\text{kW}$　$Q_{c3}=0.00\text{kvar}$

(4)行车组：$P_{c4}=3.47\text{kW}$　$Q_{c4}=2.60\text{kvar}$

(5)电焊机组：$P_{c5}=2.96\text{kW}$　$Q_{c5}=3.94\text{kvar}$

$$P_C = K_{\Sigma p}\sum_{i=1}^{n} P_{ci} = 0.90\times(19.6+4+8+3.47+2.96)\text{kW} = 34.23\text{kW}$$

$$Q_C = K_{\Sigma q}\sum_{i=1}^{n} Q_{ci} = 0.95\times(33.91+3+0+2.60+3.94)\text{kvar} = 41.23\text{kvar}$$

$$S_C = \sqrt{P_C^2+Q_C^2} = \sqrt{34.23^2+41.23^2}\text{kVA} = 53.59\text{kVA}$$

$$I_C = \frac{S_C}{\sqrt{3}U_r} = \frac{53.59}{\sqrt{3}\times 0.38}\text{A} = 81.42\text{A}$$

在计算多组用电设备组的计算负荷时应当注意的是：当其中有一组短时工作的设备且容量相对较小时，短时工作的用电设备组的容量不计入总容量。

3. 单相负荷计算

单相负荷应均衡地分配到三相上。当无法使三相完全平衡时，且最大相与最小相负荷之差大于三相总负荷的10%时，应取最大相负荷的三倍作为等效三相负荷计算。否则按三相对称负荷计算。

【例 4-3】 七层住宅中的一个单元，一梯两户，每户容量按6kW计，每相供电负荷分配如下：L1供一、二、三层；L2供四、五层；L3供六、七层，求此单元的计算负荷？

解：单元的设备总容量：

$$P_e = 层数 \times 每层户数 \times 每户容量 = 7\times2\times6\text{kW} = 84\text{kW}$$

每相容量：$P_{eL1} = 供电层数 \times 每层户数 \times 每户容量 = 3\times2\times6\text{kW} = 36\text{kW}$

$$P_{eL2} = 2\times2\times6\text{kW} = 24\text{kW}$$

$$P_{eL3} = 2\times2\times6\text{kW} = 24\text{kW}$$

最大相与最小相负荷之差：$P_{eL_1} - P_{eL_2} = 36-24\text{kW} = 12\text{kW}$

最大相与最小相负荷之差与总负荷之比：

$$\frac{12}{84}\times100\% = 14.29\% > 10\%$$

故本单元的设备等效总容量：

$$P_e = 3P_{eL_1} = 3\times36\text{kW} = 108\text{kW}$$

查表4-2～4-7，可知，$K_d = 0.8$　$\cos\phi = 0.9$　$\tan\phi = 0.48$

有功功率　$P_C = K_d P_e = 0.8\times108\text{kW} = 86.40\text{kW}$

无功功率　$Q_C = P_C \tan\phi = 86.40\times0.48\text{kvar} = 41.47\text{kvar}$

视在功率　$S_C = \sqrt{P_C^2 + Q_C^2} = \sqrt{86.40^2 + 41.47^2}\text{kVA} = 95.84\text{kVA}$

计算电流　$I_c = \dfrac{S_C}{\sqrt{3}U_r} = \dfrac{95.84}{\sqrt{3}\times0.38}\text{A} = 145.61\text{A}$

4. 尖峰电流

尖峰电流是指单台或多台用电设备持续1～2s的短时最大负荷电流，尖峰电流一般出现在电动机启动过程中。计算电压波动、选择熔断器和自动开关、整定继电保护装置、校验电动机自启动条件时需要校验尖峰电流值。

(1)单台电动机的尖峰电流是电动机的启动电流，笼型异步电动机的启动电流一般为其额定电流的3～7倍。

$$I_{jf} = KI_{rM} \tag{4-19}$$

式中：I_{jf}——尖峰电流(A)；

K——起动电流倍数，在电动机产品样本中可以查取；

I_{rM}——电动机的额定电流(A)。

(2)多台电动机供电回路的尖峰电流是最大一台电动机的启动电流与其余电动机的计算电流之和。

$$I_{jf}=(KI_{rM})_{max}+\sum I_C \tag{4-20}$$

式中：I_{jf}——尖峰电流(A)；

$(KI_{rM})max$——最大容量电动机的起动电流(A)；

$\sum I_C$——除最大容量电动机之外的其余电动机计算电流之和(A)。

(3)自启动电动机组的尖峰电流是所有参与自启动电动机的启动电流之和。

$$I_{jf}=\sum_{i=1}^{n} I_{jfi} \tag{4-21}$$

式中：n——参与自起动的电动机台数；

I_{jfi}——第 i 台电动机的起动电流(A)。

【例 4-4】 有一 0.38kV 配电支线，给电动机供电，已知，$K_1=5$，$I_{rM1}=4A$；$K_2=4$，$I_{rM2}=4$；$K_3=3$，$I_{rM3=}$ 10A；$K_4=2.8$，$I_{rM4}=5A$。求该配电线路的尖峰电流。

解　由已知条件，第三台电动机起动时的起动电流最大，故配电线路尖峰电流应为

$$I_{jf}=K_3I_{rM3}+(I_{rM1}+I_{rM2}+I_{rM4})=[3\times10+(4+4+5)]A=43A$$

5. 用电设备容量处理

进行负荷计算时，应先对用电设备容量进行如下处理。

(1)单台设备的功率一般取其铭牌上的额定功率。

(2)连续工作的电动机的设备容量即铭牌上的额定功率，是输出功率，未计入电动机本身的损耗。

(3)照明负荷的用电设备容量应根据所用光源的额定功率加上附属设备的功率。如气体放电灯、金属卤化物灯，为灯泡的额定功率加上镇流器的功耗。

(4)低压卤钨灯为灯泡的额定功率加上变压器的功率。

(5)用电设备组的设备容量不应包括备用设备。非火灾时使用的消防设备容量应列入总设备容量。

(6)消防时的最大负荷与非火灾时使用的最大负荷应择其大者计入总容量。

(7)季节性用电设备(如制冷设备和采暖设备)应择其大者计入总设备容量。

(8)住宅的设备应采用每户的用电指标之和。

四、单位面积功率法和负荷密度法确定计算负荷

$$P_C=\frac{P'_eS}{1000} \tag{4-22}$$

式中：P'_e——单位面积功率(负荷密度)(W/m^2)；

S——建筑面积(m^2)。

第四节 现代建筑常见用电负荷的类别

随着社会的发展，现代建筑已经不仅仅是为人类提供遮风挡雨的地方，而是变成了多功能性的建筑。正是这些多功能性对建筑电气的设计和施工提出了更高的要求，所涉及的内容也就更多。现代建筑常见用电负荷的类别如下。

1. 给排水动力负荷

(1)消防泵、喷淋泵这些均为消防负荷，火灾时是不能中断供电的。供电等级为本建筑物的最高负荷等级。这类设备一般均有备用机组，而消防泵、喷淋泵的主泵及备用泵在非火灾情况下是不使用的。这里应注意的是消防泵、喷淋泵机房内的排污水泵的供电负荷等级应和它们的主设备相同。

(2)生活水泵一般是为建筑物提供生活用水的。从供电的角度讲它属于非消防负荷，火灾是不使用的。但由于它和人们的生活密切相关，故供电等级为本建筑物的最高负荷等级。

2. 冷冻机组动力负荷

随着人们对生活舒适性要求的提高，具有采用冷冻机组技术夏季制冷、冬季制热的现代建筑日益增多。冷冻机组容量占设备总容量的30%～40%，年运行时间较长，耗电量大，在建筑供电系统中是不可忽视的，它的供电负荷等级一般为三级。在有些地区为了减少建筑物的运行费用，通常采用夏季用冷冻机组制冷，冬季采用锅炉采暖的运行方式。当采用这种方式时在变电所负荷统计时，应注意的一个地方是选取上述中较大的计入总容量；再有就是采暖锅炉及其配套设备的供电负荷等级，根据锅炉吨位的不同它的供电等级也有所不同。一般分为二级或三级负荷。

3. 电梯负荷(非消防电梯)

高层建筑的垂直电梯，根据其用途的不同可分为非消防电梯，它们包括客梯、货梯。客梯一般为二、三级负荷；客梯的供电负荷根据建筑物的供电负荷等级的不同有所不同。在高层建筑内还有专为运送消防队员用的专用电梯，即消防电梯。消防电梯的供电负荷等级为建筑物的最高负荷等级。无论消防电梯还是普通客梯均要求单独回路供电。在多数建筑内消防电梯一般兼做一般客梯，这一点在变电所负荷统计时应值得注意。在商业建筑内经常采用的扶梯，其供电负荷等级根据商业建筑规模的大小一般为二级或三级负荷。

4. 照明负荷

建筑内的照明负荷分为两大类。一类为应急照明及消防设备用电照明，其供电负荷等级根据建筑的使用性质不同有所不同，一般为建筑物的最高供电负荷等级，火灾时是绝对不能断电的。另一类是普通照明，值得注意的是此类负荷的供电负荷等级根据建筑的使用性质不同，可分为一、二或三级，但无论负荷等级如何，火灾时均应切除其电源。

5. 风机负荷

在高层建筑中常有地下层；是在挖掘地基时，浇注地基、柱子、承重墙后留下的地下空间；标高在地面以下，称为地下层；往往多达四、五层或以上。这部分建筑空间可以做停车场、修建蓄水池、生活污水处理池、冷冻机及通风机组设备和变电所等设备的设备用房。供配电设备设置在地下层内，有利于对这些冷、热水机组及辅助电动机组，送风排风机组等就近供电，减少电能损耗。

将室外新鲜空气抽入建筑物内，称为新风风机，简称新风机或送风机，将室内空气抽出到室外，称为抽风机或排风机。

在高层建筑中，火灾烟雾会使人窒息死亡。因此，必须设置专用的防烟、排烟风机，火灾发生后，在防烟楼梯间内，用正压力送风机送入室外新鲜空气，加大楼梯间内空气的压力，防止烟气进入楼梯井内，便于人员安全疏散等。属于消防系统使用的风机用电根据建筑的使用性质不同，分为一或二级负荷，且须与防灾中心实行联动控制。

6. 弱电设备负荷

高层建筑物中，弱电设备种类多，就建筑物的使用功能不同，对弱电设备的选择设置也就各不相同。就国内外若干建筑工程设计施工及运行经验而论，高层智能建筑物的弱电系统，可以说它就是相当于智能中枢神经系统，对建筑物进行防灾减灾灭灾；各种通信及数据信息进行传递、交换、应答起到了非常关键的作用。

我们在处理建筑物弱电系统的工程设计时，根据建筑物负荷等级划分的原则，原则上将弱电系统的电源供电，按建筑物的最高供电负荷等级供电。有的甚至是特别重要负荷。如大型百货商店（场）、大型金融中心（银行）的经营管理用电子计算机系统、关键电子计算机系统和防盗报警系统。

弱电系统用电负荷主要包括：

防灾中心用电负荷、程控数字通信及传真系统用电负荷、办公自动化系统用电负荷、卫星电视及共用天线电视用电负荷、保安监察电视系统用电负荷、大型国际比赛场馆的计时记分电子计算机系统以及监控系统、大型百货商店（场）、大型金融中心(银行)的经营管理用电子计算机系统、关键电子计算机系统和防盗报警系统等。

第五节　建筑供配电系统无功功率的补偿

电力系统中的供配电线路及变压器和大部分的负载都属于感性负载,它从电源吸收无功功率,功率因数较低,造成电能损耗和电压损耗,使设备使用效率相应降低。尤其是变压器轻载运行时,功率因数最低。供电部门征收电费时,将功率因数高低作为一项重要的经济指标。要提高功率因数,首先要合理选择和使用电器,减少用电设备本身所消耗的无功功率。一般在配电线路上装设静电电容器、调相机等设备,以提高整体配电线路的功率因数。

一、功率因数要求值

功率因数应满足当地供电部门的要求,当无明确要求时,应满足如下值。

(1)高压用户的功率因数应为 0.90 以上。

(2)低压用户的功率因数应为 0.85 以上。

二、无功补偿措施

1. 提高自然功率因数

(1)正确选择变压器容量。

(2)正确选择变压器台数,可以切除季节性负荷用的变压器。

(3)减少供电线路感抗。

(4)有条件时尽量采用同步电动机。

2. 采用电力电容器补偿

在实际供电系统中,大部分是电感性和电阻性的负载。因此总的电流 I 将滞后电压 U 一个角度 Φ。如果装设电容器,并与负载并联,使电路功率因数角变小,功率因数提高,所以该并联电容器也称为移相电容器。

(1)一般采用在变电所低压侧集中补偿方式。且宜采用自动调节式补偿装置,防止无功负荷倒送。

(2)当设备(吊车、电梯等机械负荷可能驱动电动机用电设备除外)的无功计算负荷大于 100kvar 时,可在设备附近就地补偿。一般和用电设备合用一套开关,与用电设备同时投入运行和断开。这种补偿的优点是补偿效果好,能最大限度地减少系统的无功输送量,使得整个线路变压器的有功损耗减少,缺点是总的投资大、电容器的利用率低,不便于统一管理。对于连续运行的用电设备且容量大时，所需补偿的无功负荷较大，适宜采用就地补偿。

三、补偿的容量

1. 在供电系统方案设计时

在供电系统方案设计时，无功补偿容量可按变压器容量的 15%～25% 估算。

2. 在施工图设计时

在施工图设计时应进行无功功率计算。

电容器的补偿容量为：

$$Q_C = P_C(\tan\phi_1 - \tan\phi_2) \tag{4-23}$$

式中：Q_C——补偿容量(kvar)；

P_C——计算负荷(kW)；

ϕ_1、ϕ_2——补偿前后的功率因数角。

常把 $\tan\phi_1 - \tan\phi_2 = \Delta qc$，称为补偿率。在计算时，可查表 4-8。

表 4-8　补偿率(单位:kvar/kW)

$\cos\phi_1$ \ $\cos\phi_2$	0.80	0.82	0.84	0.85	0.86	0.88	0.90	0.92	0.94	0.96	0.98	1.00
0.40	1.54	1.60	1.65	1.67	1.70	1.75	1.87	1.87	1.93	2.0	2.09	2.29
0.42	1.41	1.47	1.52	1.54	1.57	1.62	1.68	1.74	1.80	1.87	1.96	2.16
0.44	1.29	1.34	1.39	1.41	1.44	1.50	1.55	1.61	1.68	1.75	1.84	2.04
0.46	1.18	1.23	1.28	1.31	1.34	1.39	1.44	1.50	1.57	1.64	1.73	1.93
0.48	1.08	1.12	1.18	1.21	1.23	1.29	1.34	1.40	1.46	1.54	1.62	1.83
0.50	0.98	1.04	1.09	1.11	1.14	1.19	1.25	1.31	1.37	1.44	1.52	1.73
0.52	0.89	0.94	1.00	1.02	1.05	1.02	1.16	1.21	1.28	1.35	1.44	1.64
0.54	0.81	0.86	0.91	0.94	0.97	0.94	1.07	1.13	1.20	1.27	1.36	1.56
0.56	0.73	0.78	0.83	0.86	0.89	0.87	0.99	1.05	1.12	1.19	1.28	1.46
0.58	0.66	0.71	0.76	0.79	0.81	0.79	0.92	0.97	1.04	1.12	1.20	1.41
0.60	0.58	0.64	0.69	0.71	0.74	0.78	0.85	0.90	0.97	1.04	1.13	1.33
0.62	0.52	0.57	0.62	0.65	0.67	0.66	0.76	0.84	0.90	0.98	1.06	1.27
0.64	0.45	0.50	0.56	0.58	0.64	0.68	0.72	0.78	0.84	0.91	1.00	1.20
0.66	0.39	0.44	0.49	0.5	0.55	0.60	0.65	0.71	0.78	0.85	0.94	1.14
0.68	0.33	0.38	0.43	0.46	0.48	0.54	0.50	0.65	0.71	0.79	0.88	1.08
0.70	0.27	0.32	0.38	0.40	0.43	0.48	0.54	0.59	0.66	0.73	0.82	1.02

（续）

$\cos\phi_2$ / $\cos\phi_1$	0.80	0.82	0.84	0.85	0.86	0.88	0.90	0.92	0.94	0.96	0.98	1.00
0.72	0.21	0.27	0.32	0.34	0.37	0.42	0.48	0.54	0.60	0.67	0.76	0.96
0.74	0.16	0.21	0.26	0.29	0.31	0.37	0.42	0.48	0.54	0.62	0.71	0.91
0.76	0.10	0.16	0.21	0.23	0.26	0.31	0.37	0.43	0.49	0.56	0.65	0.8
0.78	0.05	0.11	0.16	0.18	0.21	0.26	0.32	0.38	0.44	0.51	0.60	0.80
0.80	—	0.05	0.10	0.13	0.16	0.21	0.27	0.32	0.39	0.46	0.55	0.73
0.82	—	—	0.05	0.08	0.10	0.16	0.21	0.27	0.34	0.41	0.49	0.70
0.84	—	—	—	0.03	0.05	0.11	0.16	0.22	0.28	0.35	0.44	0.65
0.85	—	—	—	—	0.03	0.08	0.14	0.19	0.26	0.33	0.42	0.62
0.86	—	—	—	—	—	0.05	0.11	0.14	0.23	0.30	0.39	0.59
0.88	—	—	—	—	—	—	0.06	0.11	0.18	0.25	0.34	0.54
0.90	—	—	—	—	—	—	—	0.06	0.12	0.19	0.28	0.49

在确定了总的补偿容量后，即可以根据所选并联电容器的单个容量 q_c 来确定电容器个数：

$$n=\frac{Q_C}{q_C} \tag{4-24}$$

3. 采用自动调节补偿方式时

采用自动调节补偿方式时，补偿电容器的安装容量宜留有适当余量。

【例 4-5】 某用户为两班制生产，最大负荷月的有功用电能为 25000kWh，无功用电能为 18540kvarh，问该用户的月平均功率因数是多少？欲将功率因数提高到 0.9，问需装电容器组的总容量应当是多少？

(1)根据月无功和有功用电能求出功率因数

解：$\cos\varphi_1=\dfrac{W_p}{\sqrt{W_p^2+W_Q^2}}=\dfrac{25000}{\sqrt{25000^2+18540^2}}=0.8$

(2)补偿后的功率因数要求 $\cos\varphi_2=0.9$，查表得补偿率 $q_c=0.27$ 用户为两班制生产，即每日生产 16h。有功功率

$$P_c=\frac{\text{月有功电能 } W_p}{(16h/\text{日})\times 30\text{ 日}}=\frac{25000}{16\times 30}kW=52.1kW$$

所以用户总的无功补偿容量应为

$$Q_C=P_c q_c=52.1\times 0.27kvar=14.06kvar$$

第六节　供配电系统中的能量损耗

当电流流过供配电线路和变压器时，由于均具有电阻和电抗，因此会引起功率和电能的损耗。这些损耗要由电力系统供给。因此在确定计算负荷时，应计入这部分损耗。供电系统在传输电能过程中，线路和变压器损耗占总供电量的百分数称为线损率。功率损耗分为有功损耗和无功损耗两部分。

一、供电线路的功率损耗

三相供电线路的有功功率损耗 ΔP_L 为

$$\Delta P_L = 3I_C^2 \cdot r_0 \cdot l \times 10^{-3} (\text{kW}) \tag{4-25}$$

无功功率损耗 ΔQ_L 为

$$\Delta Q_L = 3I_C^2 \cdot X_o \cdot l \times 10^{-3} (\text{kvar}) \tag{4-26}$$

式中：l——线路每相计算长度(km)；

X_o——线路的交流电阻和电抗。

为方便读者理解和查阅，本书摘录了相关数据，参见表4-9～表4-11，仅供参考。表格中的“线间几何均距”是指三相线路间距离的几何平均值。假设 A、B 两相的线间距离为 a_1，B、C 两相的线间距离为 a_2，C、A 两相的线间距离为 a_3，则此三相线路的线间几何均距为

$$a_{av} = \sqrt[3]{a_1 a_2 a_3} \tag{4-27}$$

如三相线路为等边三角形排列，则 $a_{av} = a_0$。

如三相线路为水平等距离排列，则 $a_{av} = \sqrt[3]{2}a = 1.26a_0$，其中 a_0 为相邻线间距离。

表 4-9　LGJ 型钢芯铝绞线的线电阻和线电抗

导线型号	LGJ-16	LGJ-25	LGJ-35	LGJ-50	LGJ-70	LGJ-95	LGJ-120	LGJ-150	LGJ-185	LGJ-240	LGJ-300	LGJ-400
线电阻/Ω·km⁻¹	2.04	1.38	0.95	0.65	0.46	0.33	0.27	0.21	0.17	0.132	0.107	0.082
几何均距/m	线电抗/Ω·km⁻¹											
1.0	0.387	0.374	0.359	0.351	—	—	—	—	—	—	—	—
1.25	0.401	0.388	0.373	0.365	—	—	—	—	—	—	—	—
1.5	0.412	0.400	0.385	0.376	0.365	0.354	0.347	0.340	—	—	—	—
2.0	0.430	0.418	0.403	0.394	0.383	0.372	0.365	0.358	—	—	—	—

（续）

导线型号	LGJ-16	LGJ-25	LGJ-35	LGJ-50	LGJ-70	LGJ-95	LGJ-120	LGJ-150	LGJ-185	LGJ-240	LGJ-300	LGJ-400
2.5	0.444	0.432	0.417	0.408	0.397	0.386	0.379	0.372	0.365	0.357	—	—
3.0	0.456	0.443	0.428	0.420	0.409	0.398	0.391	0.384	0.377	0.369	—	—
3.5	0.466	0.453	0.438	0.429	0.418	0.406	0.400	0.394	0.386	0.378	0.371	0.362

表 4-10　LJ型裸铝绞线的线电阻和线电抗

绞线型号	LJ-16	LJ-25	LJ-35	LJ-50	LJ-70	LJ-95	LJ-120	LJ-150	LJ-185	LJ-240	LJ-300
线电阻/$\Omega \cdot km^{-1}$	1.98	1.28	0.92	0.64	0.46	0.34	0.27	0.21	0.17	0.132	0.106
线间几何均距/m	线电抗/$\Omega \cdot km^{-1}$										
0.6	0.358	0.345	0.336	0.325	0.312	0.303	0.295	0.288	0.281	0.273	0.267
0.8	0.377	0.363	0.352	0.341	0.330	0.321	0.313	0.305	0.299	0.291	0.284
1.0	0.391	0.377	0.366	0.355	0.344	0.335	0.327	0.319	0.313	0.305	0.298
1.25	0.405	0.391	0.380	0.369	0.358	0.349	0.341	0.333	0.327	0.319	0.302
1.5	0.416	0.402	0.392	0.380	0.370	0.360	0.353	0.345	0.339	0.330	0.322
2.0	0.434	0.421	0.410	0.398	0.388	0.378	0.371	0.363	0.356	0.348	0.341
2.5	0.448	0.435	0.424	0.413	0.399	0.392	0.385	0.377	0.371	0.362	0.355
3.0	0.459	0.448	0.435	0.424	0.410	0.403	0.396	0.388	0.382	0.374	0.367
3.5			0.445	0.433	0.420	0.413	0.406	0.398	0.392	0.383	0.376
4.0			0.453	0.441	0.428	0.419	0.411	0.406	0.400	0.392	0.385

表 4-11　TJ型裸铜绞线的线电阻和线电抗

导线型号	TJ-10	TJ-16	TJ-25	TJ-35	TJ-50	TJ-70	TJ-95	TJ-120	TJ-150	TJ-185	TJ-240	TJ-300
线电阻/$\Omega \cdot km^{-1}$	1.34	1.20	0.74	0.54	0.39	0.28	0.20	0.158	0.123	0.103	0.078	0.062
线间几何均距	线电抗/$\Omega \cdot km^{-1}$											
0.4	0.355	0.333	0.319	0.308	0.297	0.283	0.274					
0.6	0.381	0.358	0.345	0.336	0.325	0.309	0.300	0.292	0.287	0.280		

（续）

导线型号	TJ—10	TJ—16	TJ—25	TJ—35	TJ—50	TJ—70	TJ—95	TJ—120	TJ—150	TJ—185	TJ—240	TJ—300
0.8	0.399	0.377	0.363	0.352	0.341	0.327	0.318	0.310	0.305	0.298		
1.0	0.413	0.391	0.377	0.366	0.355	0.341	0.332	0.324	0.319	0.313	0.305	0.298
1.25	0.427	0.405	0.391	0.380	0.369	0.355	0.346	0.338	0.333	0.320	0.319	0.312
1.50	0.438	0.416	0.402	0.391	0.380	0.366	0.357	0.349	0.344	0.338	0.6330	0.323
2.0	0.457	0.437	0.421	0.410	0.398	0.385	0.376	0.368	0.363	0.357	0.349	0.342
2.5		0.449	0.435	0.424	0.413	0.399	0.390	0.382	0.377	0.371	0.363	0.356
3.0		0.460	0.446	0.435	0.423	0.410	0.401	0.393	0.388	0.382	0.374	0.376
3.5		0.470	0.456	0.446	0.433	0.420	0.411	0.408	0.398	0.392	0.384	0.377
4.0		0.478	0.464	0.453	0.441	0.428	0.419	0.411	0.406	0.400	0.392	0.385
4.5			0.471	0.460	0.448	0.435	0.426	0.418	0.413	0.407	0.399	0.392
5.5				0.467	0.456	0.442	0.433	0.425	0.420	0.414	0.406	0.399
5.5					0.462	0.448	0.439	0.433	0.426	0.420	0.412	0.405
6.0					0.468	0.454	0.445	0.437	0.432	0.428	0.418	0.411

【例 4-6】 有 10kV 送电线路，线路长 30km，采用 LJ—70 型铝铰线，导线几何均距为 1.25m，输送的计算功率为 1000kVA，试求该线路的有功和无功功率损耗。

解：查表 4-10，可知 LJ-70 型铝绞线电阻

$r_0=0.46\Omega/\text{km}$，当 $a_{av}=1.25\text{m}$ 时，$X_0=0.358\Omega/\text{km}$，所以

$$\Delta P_L=3I_C^2 r_0 l\times10^{-3}=\frac{S_C^2}{U_r^2}r_0 l\times10^{-3}=\frac{1000^2}{10^2}\times0.46\times30\times10^{-3}\text{kW}=138\text{kW}$$

$$\Delta Q_L=I_C^2 X_0 l\times10^{-3}=\frac{S_C^2}{U_r^2}X_0 l\times10^{-3}=\frac{1000^2}{10^2}\times0.358\times30\times10^{-3}\text{kvar}=107.4\text{kvar}$$

二、变压器的功率损耗

变压器功率损耗包括有功功率损耗和无功功率损耗两部分。

1. 有功功率损耗

变压器的有功功率损耗（ΔP_T）又由以下两部分组成。

（1）铁损 ΔP_{Fe}。

铁损是变压器主磁通在铁心中产生的有功损耗。铁损又称为空载损耗，

ΔP_0近似认为是变压器铁损 ΔP_{Fe}。

(2)铜损 ΔP_{Cu}。

铜损是变压器负荷电流在一次、二次绕组的电阻中产生的有功损耗，其值与负荷电流(或功率)的平方成正比。变压器的短路损耗 ΔP_k可认为就是额定电流下的铜损 ΔP_{Cu}。

$$\Delta P_T = \Delta P_{Fe} + \Delta P_{Cu} = \Delta P_{Fe} + \Delta P_k\left(\frac{S_c}{S_N}\right)^2 \approx \Delta P_0 + \Delta P_k\left(\frac{S_c}{S_N}\right) \qquad (4\text{-}28)$$

或

$$\Delta P_T \approx \Delta P_0 + \Delta P_k \beta^2 \qquad (4\text{-}29)$$

式中：S_N——变压器的额定容量(kVA)；

S_c——变压器的计算负荷(kVA)；

β——变压器的负荷率，$\beta=\frac{S_c}{S_N}$。

2. 无功功率损耗

变压器的无功功率损耗也由两部分组成。

(1)ΔQ_0是变压器空载时，由产生主磁通的励磁电流造成的。

$$\Delta Q_0 \approx \frac{I_0\%}{100} S_N \qquad (4\text{-}30)$$

式中：$I_0\%$——变压器空载电流占额定电流的百分值。

(2)ΔQ_N是变压器负荷电流在一次、二次绕组电抗上所产生的无功功率损耗，其值也与电流的平方成正比。

$$\Delta Q_N \approx \frac{U_k\%}{100} S_N \qquad (4\text{-}31)$$

式中：$U_k\%$——变压器的短路的短路电压百分值。

因此，变压器的无功功率损耗为

$$\Delta Q_T = \Delta Q_0 + \Delta Q_N\left(\frac{S_c}{S_N}\right)^2 \approx S_N\left[\frac{I_0\%}{100} + \frac{U_k\%}{100}\left(\frac{S_c}{S_N}\right)^2\right] \qquad (4\text{-}32)$$

$$\Delta Q_T \approx S_N\left(\frac{I_0\%}{100} + \frac{U_k\%}{100}\beta^2\right) \qquad (4\text{-}33)$$

以上各式中，ΔP_0、ΔP_k、$I_0\%$和 $U_k\%$均可由变压器产品目录中查得。

三、供配电系统年电能损耗

在供配电系统中通常利用最大负荷损耗时间，近似地计算线路和变压器有功电能损耗。最大负荷损耗时间 τ 的物理意义为：当线路和变压器中以最大负荷电流流过 τ 小时后所产生的电能损耗，等于全年流过实际变化电流时的电能损耗。τ 与年最大负荷利用小时数 T_m和负荷功率因数 $\cos\varphi$ 有关。

1. 线路年电能损耗

$$\Delta W_{L}=\Delta P_{L}\tau \tag{4-34}$$

式中：ΔP_{L}——三相线路中有功功率损耗(kW)；

τ——最大负荷损耗小时数。

2. 变压器年电能损耗

$$\Delta W_{T}=\Delta P_{ot}+\Delta P_{k}\left(\frac{S_{C}}{S_{r}}\right)^{2}\tau \tag{4-35}$$

式中：t——变压器全年实际运行小时数；

ΔP_{0}——变压器空载有功功率损耗(kW)；

ΔP_{k}——变压器满载有功功率损耗(kW)；

τ——最大负荷损耗小时数，可按最大负荷利用小时数 T_{max} 及功率因数 $\cos\varphi$，从图 4-3 的关系曲线查得；

S_{C}——变压器计算负荷(kVA)；

S_{r}——变压器额定容量(kVA)。

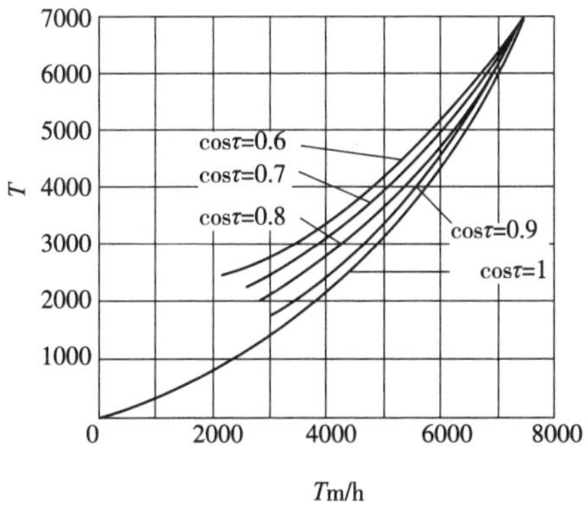

图 4-3　τ 与 T_{m} 关系曲线

四、线损耗和年电能需要量计算

1. 线损率计算

一般是采用一定时间(一月或一年)内损失的电能和所对应总的供电量之比来表示，即

$$\eta=\frac{\sum\Delta W_{L}+\sum\Delta W\tau}{W}\cdot 100\% \tag{4-36}$$

式中：η——供电系统线损率；

$\sum\Delta W_{L}$——线路全年损失电量(kWh)；

$\sum \Delta W_{\tau}$——变压器全年损失电量(kWh)；

W——供电系统全年总供电量(kWh)。

2. 年电能需要量计算

工厂一年内消耗的电能为年平均负荷与全年实际运行小时数的乘积，即

$$\left.\begin{aligned} W_{y} &= \alpha_{av} P_{c} T_{n} \\ W_{m} &= \beta_{av} Q_{c} T_{n} \end{aligned}\right\} \tag{4-37}$$

式中：P_c、Q_c——企业的计算有功功率、计算无功功率(kW、kvar)；

T_n——年实际运行小时数，一班制为 1860h，二班制为 3720h，三班制为 5580h；

α_{av}、β_{av}——年平均有功、无功负荷系数。

第五章　建筑电气设备

第一节　建筑电气设备的选择原则及开关电气设备术语

供配电系统中的电气设备的选择，既要满足在正常工作时能安全可靠地运行，同时还要满足在发生短路故障时不致产生损坏，开关电器还必须具有足够的断流能力，并适应所处的位置（户内或户外）环境温度、海拔高度，以及防尘、防火、防腐、防爆等环境条件。电气设备的选择一般应根据以下原则。

一、按正常工作条件选择额定电压和额定电流

1. 电气设备的最高电压

电气设备的最高电压 U_{max} 不应小于所在回路的系统最高电压 U_y，即：

$$U_{max} \geqslant U_y \tag{5-1}$$

2. 电气设备的额定电流

电气设备的额定电流 I_r 应大于或等于该回路的最大持续工作电流 I_{max}，即：

$$I_r \geqslant I_{max} \tag{5-2}$$

3. 高温地区的电流计算

我国目前生产的电气设备，设计时取周围空气温度 40℃作为计算值。若装置地点日最高气温大于＋40℃，但不超过＋60℃，则因散热条件较差，最大连续工作电流应适当降低，即设备的额定电流应乘以温度矫正系数 K_θ：

$$I'_r = I_r K_\theta = I_r \sqrt{\frac{\theta_r - \theta}{\theta_r - 40}} \tag{5-3}$$

式中：I_r、I'_r——设备的额定电流及经温度修正后的允许电流值（A）；

θ——实际环境温度，取最热月平均最高气温（℃）；

θ_r——电器设备的额定温度，或载流导体的最高允许温度（℃）；

K_θ——温度修正系数。当 $\theta \leqslant \theta_r$ 时，每降低 1℃允许电流增加0.5%I_r，但总数不得超过 20%；当 $\theta < \theta_r \leqslant 60$℃时，每增高 1℃允许电流应减少 1.8%$I_r$。

二、按短路情况来校验电气设备的动稳定和热稳定

断路器、负荷开关、隔离开关等的动稳定性应满足式 5-4，其热稳定性应满足式 5-5。

$$\left.\begin{aligned} I_m \geqslant I_{sh}^{(3)} \\ i_m \geqslant i_{sh}^{(3)} \end{aligned}\right\} \tag{5-4}$$

$$\left.\begin{aligned} I_t^2 \geqslant I_a^2 t_{ima} \\ I_t \geqslant I_a \sqrt{t_{ima}/t} \end{aligned}\right\} \tag{5-5}$$

式中：I_m、i_m——制造厂规定的电器设备极限通过电流的峰值和有效值(kA)；

$I_{sh}^{(3)}$、$i_{sh}^{(3)}$——按三相短路计算所得的短路冲击电流和短路全电流有效值(kA)；

I_t、t——制造厂规定的电器设备在时间 t 内的热稳定电流；

I_a、t_{ima}——短路稳态电流(kA)及假设时间(s)。

三、按装置地点的三相短路容量来校验开关电器的断流能力(遮断容量)

按装置地点的三相短路容量来校验开关电器的断流能力(遮断容量)，即：

$$\left.\begin{aligned} I_k^{(3)} \leqslant I_{N \cdot off} \\ S_k^{(3)} < S_{N \cdot off} \end{aligned}\right\} \tag{5-6}$$

式中：$I_{N \cdot off}$、$S_{N \cdot off}$——制造厂提供的在额定电压下允许的开断电流、允许的断流容量；

$I_k^{(3)}$、$S_k^{(3)}$——电器设备安装处的短路电流、短路容量。

应特别注意铭牌断路容量值所规定的使用条件。如用于高海拔地区、矿山井下或电压较低的电网中，都要降低断路容量值。

四、开关电气设备术语

在开关设备的工程问题中，涉及的常用术语有隔离、控制、保护等。

1. 隔离

隔离的用途：将回路或电器与装置的其余部分隔开或断开。

主要的隔离设备：隔离器、隔离开关和断路器。断路器和隔离开关一般安装在各回路的始端。

2. 功能性通断

功能性通断的用途：在正常运行中可以使装置的任何部件通电或断电。

功能性通断操作可以是人力的(手动)或电气的(遥控)。主要的通断设备有开关、选择开关、接触器、脉冲继电器、断路器、电源插座等。主要通断性设备安装在装置的始端或负荷一侧。

3. 电气保护

电气保护的用途:防止电缆和设备过载;防止由于运行故障而引起过电流;防止由于带电导体之间的故障而引起短路电流。主要电气保护设备有断路器、熔断器等。

第二节　低压电气设备及其选择

低压电器通常是指工作在交流电压为1000V或直流电压为1500V以下的电路中的电器。

一、低压断路器

低压断路器是建筑工程中应用最广泛的一种控制设备,也称为自动断路器或空气开关。它除了具有全负荷分断能力外,还具有短路保护、过载保护、失压和欠压保护等功能。断路器具有很好的灭弧能力,常用作配电箱中的总开关或分路开关。

1. 低压断路器的工作原理

低压断路器的原理结构如图5-1所示,当出现过载时,热脱扣器5的热元件发热使双金属片弯曲,推动自由脱扣器2动作。当电路欠电压时,失压脱扣器6的衔铁释放。也使自由脱扣器动作。分励脱扣器4则作为远距离控制用。

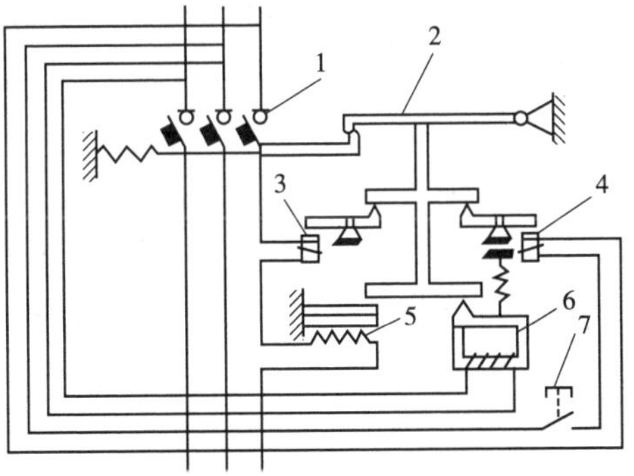

图5-1　低压断路器原理

1-主触头;2-自由脱扣器;3-过电流脱扣器;4-分励脱扣器;5-热脱扣器;6-失压脱扣器;7-停止按钮

2. 低压断路器的分类

低压断路器的种类繁多，可按使用类别、结构形式、灭弧介质、用途、操作方式、极数、安装方等多种方式进行分类。有兴趣的读者可以自行查阅相关资料。

3. 低压断路器的选择应用

(1)根据需要选择脱扣器。

断路器脱扣器形式主要有热磁式和电子式两种。热磁式的脱扣器最多只能提供过载长延时保护和短路瞬动保护；而电子式的脱扣器有的具有两段保护功能，有的具有 3 段保护，即过载长延时保护、短路短延时保护和短路瞬动保护功能。

额定电流在 600A 以下，且短路电流较小时，可选用塑壳断路器；额定电流较大，短路电流亦较大时，应选用万能式断路器。

(2)根据负荷选择断路器。

最常见的负载有配电线路、电动机和家用与类似家用(照明、家用电器等)三大类。

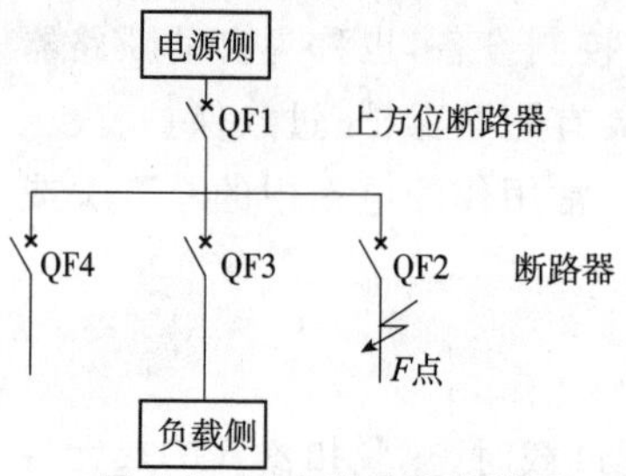

图 5-2 配电断路器的选择

1)配电型断路器。配电型断路器具有选择性保护，如图 5-2 所示。当 F 点短路时，只有靠近 F 点的 QF2 断路器动作，而上方位的 QF1 断路器不动作，这就是选择性保护(由于 QF1 不动作，就使未发生故障的 QF3、QF4 支路保持供电)。

若 QF1 和 QF2 都是 A 类断路器，当 F 点发生短路，短路电流值达到一定值时，QF1 和 QF2 同时动作，QF1 断路器回路及其支路全部停电，则为非选择性保护。

2)电动机保护型断路器。对于直接保护电动机的电动机保护型断路器，只要有过载长延时和短路瞬时的二段保护性能就可以了，也就是说它可选择 A 类断路器(包括塑壳式和万能式)。

3)家用断路器。家用和类似场所的保护，也是一种小型的八类断路器。配电(线路)、电动机和家用等的过电流保护断路器，因保护对象(如变压器、电线电缆、电动机和家用电器等)的承受过载电流的能力(包括电动机的启动电流和启动时间等)有差异，因此，选用的断路器的保护特性也是不同的。

4. 低压断路器灵敏度校验

低压断路器短路保护灵敏度应满足以下关系：

$$K_S=\frac{I_{K,\min}}{I_{OP}}\geqslant 1.3 \tag{5-7}$$

式中：K_S——灵敏度；

I_{OP}——瞬时或短延时过电流脱扣器的动作电流整定值(kA)；

$I_{K,min}$——保护线路末端在最小运行方式下的短路电流(kA)。

二、接触器

接触器是用作频繁接通和断开主回路(电源回路)的电器。车床、卷扬机、混凝土搅拌机等设备的控制属于频繁控制，配电箱、开关箱中电源的控制属于不频繁控制。

1. 接触器的工作过程

接触器由电磁机构、触头系统、灭弧装置和其他部分组成，其外形和构造分别如图 5-3(a)和(b)所示。

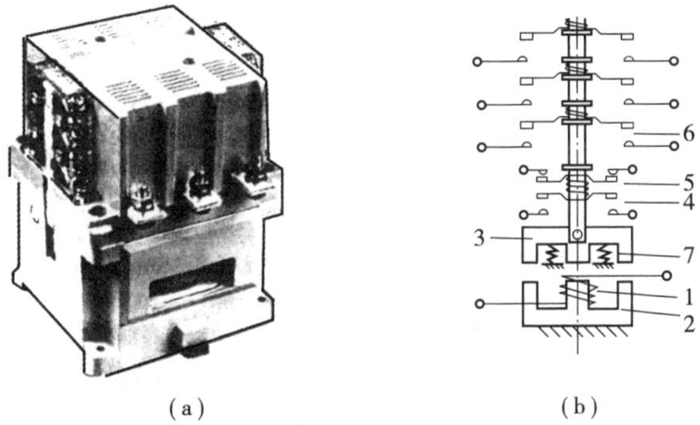

图 5-3　接触器的外形和构造

(a)接触器的外形；(b)接触器的构造

1-吸引线圈；2-铁心；3-衔铁；4-常开辅助触头；5-常闭辅助触头；6-主触头；7-恢复弹簧

接触器的工作过程如下：在控制信号的作用下，如控制按钮的闭合、继电器触头的闭合，接触器的吸引线圈 1 通电，衔铁 3 被铁心 2 吸合，衔铁带动主触头 6 闭合，电源被接通，同时常开辅助触头 4 闭合，常闭辅助触头 5 断开。当吸引线圈断电时触头的动作相反。可见，接触器输入的是控制信号，输出的是触头闭合动作或断开动作，主触头动作用于主回路控制，辅助触头动作用于其他控制。接触器的触头受吸引线圈的控制，而吸引线圈很容易实现远距离控制，只要把控制导线拉长即可。把传感器、继电器和接触器组合使用，能实现接触器的自动控制。

2. 接触器的选用

(1)接触器主触头额定电压的选择

接触器铭牌上所标额定电压系指主触头能承受的电压，并非吸引线圈的电压，使用时接触器主触头的额定电压应大于或等于负荷的额定电压，如图 5-4 所示。

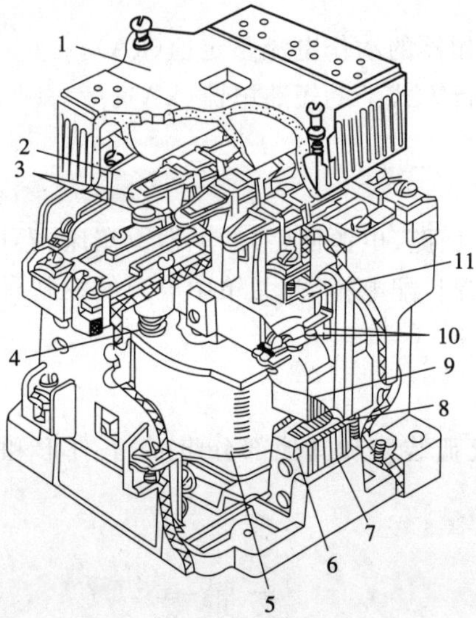

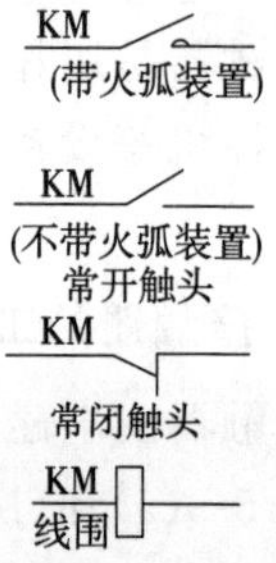

图 5-4　交流接触器的外形,结构及符号

(a)外形结构;(b)符号

1-灭弧罩;2-触头压力弹簧片;3-主触头;4-反作用弹簧;5-线圈;6-短路环;7-静铁心;8-缓冲弹簧;9-动铁心;10-辅助常开触头;11-辅助常闭触头

(2)接触器主触头额定工作电流的选择

接触器的额定工作电流并不完全等于被控设备的额定电流,这是它与一般电器的不同点。被控设备的工作方式分为长期工作制、间断长期工作制、反复短时工作制三种情况,根据这三种运行状况按下列原则选择接触器的额定工作电流。

1)对于长期工作制运行的设备,一般按实际最大负荷电流占交流接触器额定工作电流的67%~75%这个范围选用。

2)对于间断长期工作制运行的用电设备,选用交流接触器的额定工作电流时,使最大负荷电流占接触器额定工作电流的80%为宜。

3)反复短时工作制运行的用电设备(暂载率不超过40%时),选用交流接触器的额定工作电流时,短时间的最大负荷电流可超过接触器额定工作电流的16%~20%。

(3)接触器极数的选择

根据被控设备运行要求(如可逆、加速、降压启动等)来选择接触器的结构形式(如三极、四极、五极)。

(4)接触器吸引线圈电压的选择

如果控制线路比较简单，所用接触器的数量较少，则交流接触器吸引线圈的额定电压一般选用被控设备的电源电压，如 380V 或 220V。如果控制线路比较复杂，使用的电器又比较多，为了安全起见，线圈的额定电压可选低一些，这时需要加一个控制变压器。

接触器和电力开关的功能比较：接触器主要用于主回路的频繁控制、远距离控制和自动控制，没有保护作用；电力开关主要用于电源的不频繁控制、手动控制，通常兼有多种保护作用，如过载保护、短路保护等。

三、热继电器

1. 热继电器的基本原理

热继电器的基本原理是利用电流的热效应，使双金属片弯曲而推动触头动作。双金属片由两种热膨胀系数不同的金属片轧焊在一起而成。

图 5-5 为热继电器的结构原理图，发热元件 1 串联在电动机的主回路中，常闭触点 7 串联在控制回路中。控制过程如下：主回路电流过大→发热元件 1 过热→双金属片 2 过热，向上弯曲→在弹簧 5 的作用下顶板 3 绕轴 4 逆时针旋转→绝缘牵引板 6 向右移动→触点 7 断开→主回路断开，电动机停转。故障排除后按下复位按钮 8，触点 7 重新闭合，双金属片 2 复位，为重新启动做好了准备。

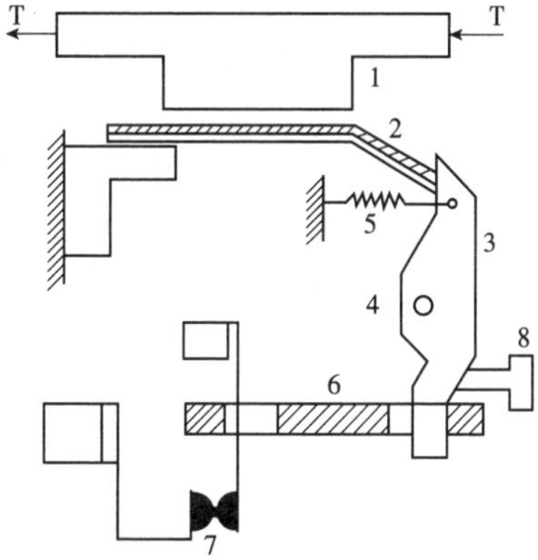

图 5-5　热继电器的原理

1-发热元件；2-双金属片；3-扣板；4-轴；5-弹簧；6-绝缘牵引板；7-常闭触点；8-复拉按钮

2. 热继电器的用途和选择要点

热继电器主要用于连续运行、负荷较稳定的电动机的过载保护和缺相保护。选用热继电器时要注意以下几点。

(1)通常情况下取热继电器的整定电流与电动机的额定电流相等；但对过载能力差的电动机，额定值只能取电动机额定电流的 0.6～0.8 倍；而对启动时间较长、冲击性负载、拖动不允许停车的机械等情况，热元件的整定电流要比电动机额定电流高一些。

(2)电网电压严重不平衡，或较少有人照看的电动机，可选用三相结构的热继电器，以增加保护的可靠性。

(3)由于热继电器的热惯性较大，不能瞬时动作，故负荷变化较大、间歇运行的电动机不宜采用这种继电器保护。

第三节 低压配电装置

按电气接线要求将开关设备、测量仪表、保护电器和辅助设备组装在封闭或半封闭的金属柜中，就构成了低压配电箱柜，也可称为低压配电装置。在正常运行时可借助手动或自动开关接通或分断电路，出现故障或非正常运行时，则借助保护电器切断电路或报警。用测量仪表可显示运行中的各种参数，还可对某些电气参数进行调整，当偏离正常工作状态时进行提示或发出信号。低压配电装置常用于各发、配、变电所中。

一、低压配电箱的分类及常用配电箱柜的符号

1. 低压配电箱的分类

低压配电箱是接受和分配电能的装置，用它来直接控制对用电设备的配电。配电箱的种类很多，可按不同的方法归类，如下所示。

- 低压配电箱分类
  - 按使用场所分类
    - 户内式
    - 户外式
  - 按安装形式分类
    - 明装
    - 暗装
    - 落地式
  - 按结构分类
    - 板式
    - 箱式
    - 台式
    - 柜式
  - 按功能分类
    - 照明配电箱
    - 动力配电箱
    - 电表箱
    - 控制箱

2. 常用配电箱柜的符号

常用配电箱柜的符号如表 5-1 所示。

表 5-1 常用配电箱柜的符号

名称	编号	电气箱柜名称	编号	电气箱柜名称	编号
高压开关柜	AH	低压动力配电箱柜	AP	计量箱柜	AW
高压计量柜	AM	低压照明配电箱柜	AL	励磁箱柜	AE

（续）

名称	编号	电气箱柜名称	编号	电气箱柜名称	编号
高压配电柜	AA	应急电力配电箱柜	APE	多种电源配电箱柜	AM
高压电容柜	AJ	应急照明配电箱柜	ALE	刀开关箱柜	AK
双电源自动切换箱柜	AT	低压负荷开关箱柜	AF	电源插座箱	AX
直流配电箱柜	AD	低压电容补偿柜	ACC 或 ACP	建筑自动化控制器箱	ABC
操作信号箱柜	AS	低压漏电断路器箱柜	ARC	火灾报警控制器箱	AFC
控制屏台箱柜	AC	分配器箱	AVP	设备监控器箱	ABC
继电保护箱柜	AR	接线端子箱	AXT	住户配线箱	ADD
信号放大器箱	ATF				

二、低压配电箱的结构

1. 开关柜

开关柜是一种成套开关设备和控制设备，为动力中心和主配电装置。其主要用作对电力线路、主要用电设备的控制、监视、测量与保护，通常设置在变电站、配电室等处。

(1)动力配电箱，进线电压 380V，交流三相。主要作为电动机等动力设备的配电，动力配电断路器选择配电型、动力型(短时过载倍数中、大)。

(2)照明配电箱，进线电压 220V，交流单相，或进线电压 380V，交流三相。照明配电断路器选择一般是配电型、照明型(短时过载倍数中、小)。

2. 智能配电柜

智能配电柜就是利用现代电子技术等来代替传统控制方式的配电柜，其特点如下。

(1)远程控制

在配电柜内采用微机处理程序，可根据无线电遥控、电话遥控以及用户要求来进行控制，实现远程控制的功能。

(2)功能齐全

除拥有原配电柜的功能(如隔离断开、过载、短路、漏电保护功能等)外，还实现了人性化操作控制。具有定时、程序控制、监控、报警以及声音控制、指纹识别等功能。而且随着智能技术的快速发展，功能也越来越多。

(3)硬件配合

相应的断路器与漏电保护器均按照设计要求安装到配电箱内；电路控制板采用继电器、晶闸管与晶体管作为输出，对电器进行控制；输入采用模块化接口，有模拟量、开关量两种方式；面板控制采用触摸方式，遥控器采用无线电或者红外线方式进行控制。

(4)布线方式

由于智能配电柜采用了集中控制的方式，所以原有的穿线必须换掉或者增加控制信号，配管必须增大型号。

3. 配电箱

(1)配电箱和开关柜的比较

配电箱和开关柜除了功能、安装环境、内部构造、受控对象等不同外，最显著的区别是外形尺寸不同：配电箱体积小，可安设在墙内，可矗立在地面；而开关柜体积大，只能装置在变电站、配电室内。

(2)箱(柜)体部分

1)箱(柜)的板材的各种指标必须符合国家的有关要求，采用符合国家标准的冷轧钢板。

2)金属部分包括电器的安装板、支架和电器金属外壳等均应良好接地。

(3)元件部分

1)所有塑壳断路器、空开、双电源断路器产品，厂家提供与之配套的电缆接线端子。

2)电器、仪表等需进行检测及电气耐压、耐流实验，如设计图纸中设计的电表由供电部门安装，配电箱、柜应留有装表计量的位置。

三、低压配电装置的配电等级

变压器低压出线进入低压配电柜，经过配电柜对电能进行了一次分配(分出多路)即是一级配电。一级配电出线到各楼层配电箱(柜)，再次分出多路，此配电箱对电能进行了第二次分配，属二级配电。二次分配后的电能可能还要经过区域配电箱的第三次电能分配，即三级配电。一般配电级数不宜过多，过多使系统可靠性降低，但也不宜太少，否则故障影响面会太大，民用建筑常见的是采取三级配电，规模特别大的也有四级。

配电箱的保护是指漏电脱扣保护功能，一般是设置在配电系统的第二级或第三级出线端，分别用来保护第三级和终端用电器。

第四节 常用高压电器

交流额定电压在 1kV 以上的电压称高压，用于额定交流电压 3kV 及以上电路中的电器称高压电器，高压电器用在配电变压器的高压侧，常见的高压电器有高压隔离开关、高压熔断器、高压负荷开关、高压断路器等。

高压电器和对应低压电器的功能是类似的，如高压负荷开关和低压负荷开关的功能都是用于接通切断正常的负载电流，而不能用于切断短路电流，但高压电器承受的电压要高得多，故二者在结构、原理上有较大差别。

一、高压隔离开关

高压隔离开关是一种有明显断口，只能用来切断电压不能用来切断电流的刀开关。隔离开关没有灭弧装置，故不能用来切断电流，仅限于用来通断有电压而无负载的线路，或通断较小的电流，如电压互感器及有限容量的空载变压器，以利检修工作的安全、方便。有的隔离开关带接地刀闸，开关分离后，接地刀闸将回路可能存在的残余电荷或杂散电流导入大地，以保障人身安全。

二、高压熔断器

它用于小功率配电变压器的短路、过载保护，分为户内式、户外式；固定式、自动跌落式。有的有限流作用，限流式熔断器能在短路电流未达到最大值之前将电弧熄灭。

跌落式熔断器比较常用，它利用熔丝本身的机械拉力，将熔体管上的活动关节（动触头）锁紧，以保持合闸状态。熔丝熔断时在熔体管内产生电弧，管内壁在电弧的作用下产生大量高压气体，将电弧喷出、拉长而熄灭。熔丝熔断后，拉力消失，熔体管自动跌落。

有的跌落式熔断器有自动重合闸功能，它有两只熔管，一只常用，一只备用。当常用管熔断跌落后，备用管在重合机构的作用下自动合上。跌落式熔断器熔断时会喷出大量的游离气体，同时能发生爆炸声响，故只能用于户外。跌落式熔断器的熔管能直接用高压绝缘钩棒分合，故它可以兼作隔离开关使用。

三、高压负荷开关

高压负荷开关用于通断负载电流，但由于灭弧能力不强，不能用于断开短路电流。高压负荷开关按灭弧方式的不同分为固体产气式、压气式和油浸式。负荷开关由导电系统、灭弧装置、绝缘子、底架、操作机构组成，有的和熔断器合为一体。同时采用负荷开关和熔断器可以代替断路器。

四、高压断路器

断路器除了具有负荷开关的功能外，还能自动切断短路电流，有的还能自动重合闸，起到了控制和保护两个方面的作用，它分为油式、空气式、真空式、六氟化硫式、磁吹式和固体产气式。过去，油断路器（油开关）的使用最为广泛，现在越来越多地使用真空式和六氟化硫（SF_6）式。

五、操作机构

操作机构又称操动机构，是操作断路器、负荷开关等分、合时所使用的驱动机构，它常与被操作的高压电器组合在一起。操作机构按操作动力分为手动式、电磁式、电动机式、弹簧式、液压式、气动式及合重锤式，其中电磁式、电动机式等需要交流电源或直流电源。

第六章　变配电所和柴油发电机

第一节　建筑变配电所的类型及布置

一、变配电所的类型和结构

工业与民用建筑设施的变配电所大多是6～10kV变电所,它由6～10kV电压进线,经过变压器的降压,将6～10kV高压降为0.38kV/0.22kV低压,给低压电设备供电。

变电所的类型很多,从整体结构而言,可分为室内型、半室内型、室外型及成套变电所等。但就变电所所处的位置而言,可分为:独立变配电所、附设变配电所、地下变电所、杆上式或高台式变电所和组合式变电所。

1. 独立变配电所

它是独立的建筑物,一般用于供给分散的用电负荷,有时由于周围的环境限制,如防火、防爆和防尘等,或为了建筑和管理上的需要也考虑设置独立变电所。在大中城市的居民住宅区亦多采用独立变电所。

2. 附设变配电所

根据与建筑物的关系可分为内附式变配电所、外附式变配电所、外附露天式和室内式等。

内附式变配电所于建筑物内与建筑物共用外墙。其优点是能保持建筑物外观整齐,但要占用一定的建筑面积。多层建筑或一般工厂车间在周围环境受限制时可采用此种方案。外附式变配电所附设于建筑物外,与建筑物共用一面墙壁。一般工厂的车间变电所常采用这种方式。在大型民用建筑中,它经常与冷冻机房、锅炉房等用电量较大的建筑物设置在一起。

外附露天式与外附式相似,但变压器装于室外。变压器周围不小于0.8m处设1.7m固定围栏(或墙)。结构简单,但维护条件差,用于负荷不大且不重要的地方。

室内式设于建筑物内部。在用电负荷较大时，为使变电所深入负荷中心常采用这种形式，但需要采用相应的防火措施。

3. 地下变电所

此种变电所设置于建筑物的地下室，以节省用地。在有的大型建筑物中，为满足地下冷冻机房、水泵房等大型用电设备的需要而设置。

4. 杆上式或高台式变电所

变压器一般置于室外杆塔上，或在专门的变压器台墩上，一般用于负荷分散的小城市居民区和工厂生活区，以及小型工厂和矿山等，变压器的容量一般在315kVA以下。

5. 组合式变电所

组合式变电所又称箱式变电站，它是一种新型设备，它的特点是可以使变配电系统统一化，而且体积小、安装方便、经济效益比较高，适用于城市建筑、生活小区、中小型工厂、铁路及油田等。目前正在广泛地被采用。

二、变配电所的位置选择及布置

1. 变配电所的位置选择

变配电所的位置应根据下列要求综合考虑确定。

(1)靠近负荷中心，接近电源侧。

(2)进出线须方便，设备吊装运输方便。

(3)不应设在剧烈振动、多尘、水雾(如大型冷却塔)或有腐蚀气体的场所，如无法远离时，不应设在污源的下风侧。

(4)不应设在厕所、浴室或其他经常积水场所的正下方或相邻处。

(5)不应设在爆炸危险场所范围以内和布置在与火灾危险场所的正上方或正下方，如布置在爆炸危险场所范围以内和布置在爆炸危险场所的建筑物毗连时，应符合现行的《爆炸和火灾危险环境电力装置设计规范》GB 50058的规定。

(6)变配电所为独立建筑物时，不宜设在地势低洼和可能积水的场所。

2. 变配电所的布置

变电所内需建值班室，方便值班人员对设备进行维护，保证变电所的安全运行。变电所的建设应有发展余地，以便负荷增加时能更换大一级容量变压器，增加高、低压开关柜等。但也必须在满足变电所功能要求情况下，尽量节约土地，节省投资。

第二节　变压器的选择

一、变压器台数的选择

选择变配电所主变压器台数时应考虑下列原则：

对季节性负荷或昼夜负荷变动较大的变电所，可采用两台变压器，以便实行经济运行方式。在确定变电所主变压器台数时，应适当考虑近期负荷的发展。另外，还需满足用电负荷时对供电可靠性的要求。

对接有大量一、二级负荷的变电所，宜采用两台变压器。以便当一台变压器发生故障或检修时；另一台变压器能保证对一、二级负荷继续供电。对只有二、三级负荷的变电所，如果低压侧有与其他变电所相连的联络线作为备用电源，也可采用一台变压器。对负荷集中而容量相当大的变电所，虽为三级负荷，也可采用两台或两台以上变压器，以降低单台变压器容量及提高供电可靠性。

下列情况下可以设专用变压器：动力和照明共用变压器严重影响照明质量及灯泡寿命时；当季节性负荷较大时（如大型民用建筑中的空调冷冻机负荷）；出于功能需要的某些特殊设备（如容量较大的 X 光机等）。

二、变压器容量的选择

建筑物的计算负荷确定后，建筑物供电变压器的总装机容量（kVA）为：

$$S=P_C/(\beta\cos\varphi) \tag{6-1}$$

式中：P_C——建筑物的计算有功功率；

$\cos\varphi$——补偿后的平均功率因数；

β——变压器的负荷率。

$\cos\varphi$ 取决于当地供电部门对建筑供电的要求，一般要求高压侧平均功率因数 $\cos\varphi$ 不小于 0.9。因此变压器的容量最终确定就取决于变压器的负荷率 β，然后按所选用变压器的标称值系列来调整，即可求得。

对于给稳定负荷供电的单台变压器负荷率 β 一般宜选 75%～85%。装设两台及以上的变压器的变电所，当其中一台变压器断开时，其余变压器的容量应能保证一、二级负荷的用电。变压器的单台容量一般不宜大于 1600kVA。居住小区变电所内单台变压器的容量不宜大于 630kVA。变压器容量的选择应考虑环境温度对变压器负荷能力的影响。变压器的额定容量是指在规定环境温度下的容量。

我国对国产电力变压器的环境温度规定为：最高气温 40℃；最高日平均气

温 30℃;最高年平均气温 20℃;最低气温－40℃。当环境温度改变时,变压器的容量应乘以修正系数。我国几个典型地区的温度修正系数见表 6-1。干式变压器的温度修正系数以各制造厂资料为准。变压器的容量应根据电动机启动或其他负荷冲击条件进行验算。

表 6-1　油浸式变压器的温度修正系数

序号	地区	年平均温度/℃	温度修正系数 K_f	序号	地区	年平均温度/℃	温度修正系数 K_f
1	茂名	23.5	0.93	7	开封	14.3	1.0
2	广州	21.9	0.96	8	西安	13.9	1.0
3	长沙	17.1	0.98	9	北京	11.9	1.03
4	武汉	16.7	0.98	10	包头	6.4	1.05
5	成都	16.9	0.99	11	长春	4.8	1.05
6	上海	15.4	0.99	12	哈尔滨	3.8	1.05

对短期负荷供电的变压器,要充分利用其过载能力。国产变压器的短时过载运行数据见表 6-2。一般对室内有通风的变压器不得超过 20%,室外变压器不得超过 30%。

表 6-2　变压器短时过载运行数据

油浸式变压器(自冷)		干式变压器(空气冷却)	
过电流(%)	允许运行时间/min	过电流(%)	允许运行时间/min
30	120	20	60
45	80	30	45
60	45	40	32
75	20	50	18
100	10	60	5

三、变压器型号的选择

一般场所应推广采用低损耗电力变压器,如 S9、S11 等型号。在电网电压波动较大不能满足用户电压质量要求时,根据需要和可能可选用有载调压变压器。周围环境恶劣,有防尘、防腐要求时,宜选用全密闭变压器。高层建筑、地下建筑等防火要求高的场所,宜选用干式变压器。

四、变压器并列运行的条件

两台或多台变压器并列运行时，必须满足以下基本条件。

(1)并列运行变压器的额定一次电压及二次电压必须对应相等。否则，二次绕组回路内将出现环流，导致绕组过热或烧毁。

(2)并列运行变压器的阻抗电压(即短路电压)必须相等，否则，各变压器分流不匀，导致阻抗小的变压器过负荷。

(3)并列运行变压器的连接组别必须相同，否则，各变压器二次电压将出现相位差，从而产生电位差，将在二次侧产生很大的环流，导致绕组烧毁。

(4)并列运行变压器的容量比应小于 3∶1。否则，容量比大，往往特性稍有差异时，环流显著，容易造成小的变压器过负荷。

第三节　变配电所的主接线

变配电所的主接线(一次接线)指由各种开关电器、电力变压器、互感器、母线、电力电缆、并联电容器等电气设备按一定次序连接的接受和分配电能的电路。它是电气设备选择及确定配电装置安装方式的依据，也是运行人员进行各种倒闸操作和事故处理的重要依据。用规定的图例符号表示主要电气设备在电路中连接的相互关系，称为电气主接线图。电气主接线图通常以单线图形式表示，在个别情况下，当三相电路中设备不对称时，则部分地用三线图表示。

一、对主接线的基本要求

主接线的确定，对供电系统的可靠供电和经济运行有密切的关系。因此，选择主接线应满足下列基本要求：

(1)根据用电负荷的要求，保证供电的可靠性和电能质量。

(2)主接线应力求简单、明显，运行方式灵活，投入或切除某些设备或线路时操作方便。

(3)保证运行操作和维护人员及设备的安全，配电装置应紧凑合理，排列尽可能对称，便于运行值班人员记忆，便于巡视检查。

(4)应使主接线的一次投资和运行费用达到经济合理。

(5)根据近期和长远规划，为将来发展留有余地。

在选择主接线时应全面考虑上述要求，进行经济技术比较，权衡利弊，特别要处理好可靠性和经济性这一对主要矛盾。

二、主接线的基本形式

主接线形式有单母线接线、双母线接线、桥式接线和单元接线等多种，本书仅介绍建筑电气中常见的单母线接线。

1. 单母线不分段主接线

这种接线的优点是线路简单，使用设备少，造价低；缺点是供电的可靠性和灵活性差，母线或母线隔离开关故障检修时造成用户停电。因此，它只适应于容量较小和对供电可靠性要求不高的场合。

2. 单母线分段接线

在每一段接一个或两个电源，在母线中间用隔离开关来分段。引出的各支路分接到各段母线上。采用隔离开关分段单母线接线的特点。可靠性较高。因为当某一段母线发生故障时，可以分段检修。经过倒闸操作，可以先切除故障段，其他无故障段继续运行。

3. 带有旁路母线的单母线接线

这种接线形式是为了让该路负荷维修时，工作不受影响而设置旁路母线。

第四节　柴油发电机容量及台数的确定

大多数一级供电负荷的供电建筑，为满足供电可靠性的要求，一般都要求两个独立的供电电源，当有特别重要的用电负荷时，为保证其供电的可靠性，应设有独立于上述两个电源的自备电源作第三电源为其供电。

大多数二级供电负荷的供电建筑，为满足供电可靠性的要求，一般都要求由同一座区域变电站的两段母线分别引来的两个回路供电，或由一路 6kV 及以上的专用线路供电，否则应设有自备电源作第二电源为其供电。

负荷下列情况之一时，宜设自备应急柴油发电机组：

(1)为保证一级负荷中特别重要的负荷用电。

(2)有一级负荷，但从市电取得第二电源有困难或不经济合理时。

(3)大、中型商业性大厦，当市电中断供电将会造成经济效益有较大损失时。

柴油发电机组的台数与容量应根据应急负荷大小和投入顺序以及单台电动机最大的启动容量等因素综合考虑确定。机组总台数不宜超过两台。

在方案或初步设计阶段，可按供电变压器容量的 10%～20%估算柴油发电机的容量。

在施工图阶段可根据一级负荷、消防负荷以及某些重要的二级负荷容量，按下述方法计算选择其最大者。

在建筑中自备柴油发电机的供电范围，按稳定负荷计算发电机容量，一般包括以下几个方面。

(1)消防电梯、消防水栗、喷淋泵、防排烟风机和应急照明等。在市电事故停电的情况下，柴油发电机组开始在冷状态下工作，要求所能供出的功率应能满足应急负荷中自启动设备所需功率之和。当柴油发电机组运行达到额定功率时，应能满足所有应急负荷的功率之和。

(2)建筑中内的一级负荷。例如大型商场、大型餐厅、国际会议室、贵重展品陈列室、银行重要经营场所等有关设备的用电。其备用容量的大小，应根据具体情况确定。

(3)一些重要的民用建筑中的一级负荷和部分二级负荷。如生活水泵、一般客梯、货梯等用电设备负荷。

按最大的单台电动机或成套机组电动机启动的需要，计算发电机容量，发电机组的容量(功率)为被启动电动机功率的最小倍数，见表 6-3。

表 6-3　发电机组的容量(功率)为被启动电动机功率的最小倍数

电动机起动方式		全压起动		自耦变压器起动	
				$0.65U_E$	$0.8U_E$
母线允许电压降	20%	5.5	1.9	2.4	3.6
	15%	7	2.3	3.0	4.5
	10%	7.8	2.6	3.3	5.0

第七章　电缆、绝缘导线和母线的选择与施工

第一节　电缆的分类、结构、型号、使用范围及选择的一般原则

一、电缆的分类

电缆一般是由几根或几组导线(每组至少两根)绞合而成。每组导线之间相互绝缘,且常围绕着一根中心扭成,外面包有高度绝缘的覆盖层,多架设在空中或埋在地下、水底,用于电信或电力输送。

1. 按应用分类

(1)电力系统用电线电缆

电力系统采用的电线电缆产品主要有架空裸电线、汇流排(母线)、电力电缆[塑料线缆、油纸电缆(基本被塑料电力电缆代替)、橡套线缆、架空绝缘电缆等]、分支电缆(取代部分母线)、电磁线以及电气设备用线电缆等。

(2)信息传输系统用电线电缆

用于信息传输系统的电线电缆主要有市话电缆、电视电缆、电子线缆、射频电缆、光纤缆、数据电缆、电磁线、电力通信或其他复合电缆等。

(3)机械设备、仪器仪表系统用电线电缆

除架空裸电线外几乎其他所有电缆均有应用,但主要是电力电缆、电磁线、数据电缆、仪器仪表线缆等。

2. 按产品分类

(1)裸电线及裸导体制品

纯的导体金属,无绝缘及护套层,如钢芯铝绞线、铜铝汇流排、电力机车线等。产品主要用在城郊、农村、用户主线、开关柜等。

(2)电力电缆

在导体外挤(绕)包绝缘层,如架空绝缘电缆、几芯绞合绝缘电缆(如二芯以

上架空绝缘电缆)、塑料/橡套电线电缆。产品主要用在发、配、输、变、供电线路中的强电电能传输,通过的电流大(几十安至几千安)、电压高(220V 至 500kV 及以上)。

(3)电气装备用电线电缆

品种规格繁多,应用范围广泛,使用电压在 1kV 及以下较多,为电气设备配电。

(4)通信电缆及光纤用电线电缆

从简单的电话电报线缆发展到几千对的电话缆、同轴缆、光缆、数据电缆,甚至组合通信缆等。该类产品结构尺寸通常较小而均匀,制造精度要求较高。

(5)电磁线(绕组线)

要用于各种电机、仪器仪表等。

二、电缆的基本结构

电力电缆的基本结构由线芯(导体)、绝缘层、屏蔽层和保护层四部分组成。如图 7-1。

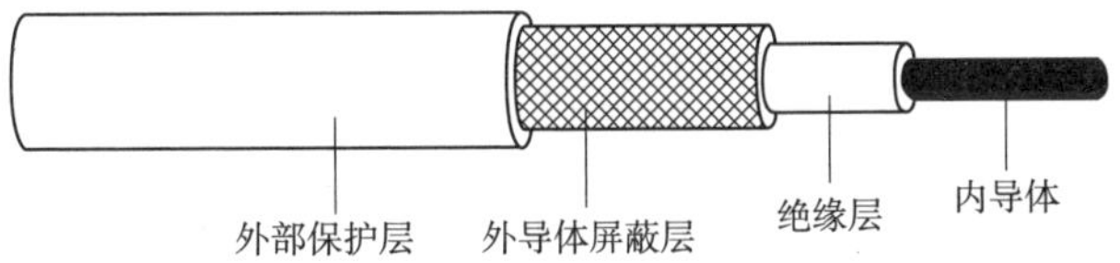

图 7-1　同轴电缆的基本结构

1. 线芯

线芯是电力电缆的导电部分,用来输送电能,是电力电缆的主要部分。

2. 绝缘层

绝缘层将线芯与大地及不同相的线芯之间在电气上彼此隔离,保证电能的输送,是电力电缆结构中不可缺少的组成部分。

3. 屏蔽层

10kV 及以上的电力电缆一般都有导体屏蔽层和绝缘屏蔽层。

4. 保护层

保护层的功能是用来保护电力电缆免受外界杂质和水分的侵入,以及防止外力直接损坏电力电缆。

三、电缆的型号

电缆的型号组成与顺序为：导体→绝缘→内护层→外护层→铠装形式。电缆的型号和铠装层的符号分别参见表 7-1 和表 7-2。

表 7-1　电缆的型号

序号	代码	说明
1	用途代码	不标为电力电缆，K 为控制缆，P 为信号缆
2	绝缘代码	Z 油浸纸，X 橡胶，V 聚氯乙烯，YJ 交联聚乙烯
3	导体材料代码	不标为铜，L 为铝
4	内护层代码	Q 铅包，L 铝包，H 橡套，V 聚氯乙烯护套
5	派生代码	D 不滴流，P 干绝缘
6	外护层代码	
7	特殊产品代码	TH 湿热带，TA 干热带
8	额定电压	单位 kV

表 7-2　铠装层符号

数字标记	铠装层	外被层或外护套
0	无	—
1	联锁铠装	纤维外被
2	双层钢带	聚氯乙烯外套
3	细圆钢丝	聚乙烯外套
4	粗圆钢丝	
5	皱纹(轧纹)钢带	
6	双铝(或铝合金)带	
7	铜丝编织	
8	钢丝编织	

四、电缆的使用范围

常用电缆与特种电缆的规格型号及其使用范围分别参见表 7-3 和表 7-4。

表 7-3　常用电缆型号及其使用范围

分类	规格型号	名称	使用范围
电力电缆	VV VLV	聚氯乙烯绝缘聚氯乙烯护套	敷设在室内、隧道及管道中，电缆不能承受机械外力作用
	VY VLY	聚乙烯护套电力电缆	
	VV22 VLV22 VV23 VLV23	聚氯乙烯绝缘聚氯乙烯聚乙烯护套钢带铠装电力电缆	敷设在室内、隧道内直埋土壤，电缆能承受机械外力作用
	VV32 VLV32 VV33 VLV33 VV42 VLV42 VV43 VLV43	聚氯乙烯绝缘聚氯乙烯聚乙烯护套钢丝铠装电力电缆	敷设在高落差地区，电缆能承受机械外力作用及相当的拉力
	VJV YJLV	交联聚乙烯绝缘聚氯乙烯聚乙烯护套电力电缆	敷设在室内、隧道及管道中，电缆不能承受机械外力作用
	YJV22 YJLV22 YJV23 YJLV23	交联聚乙烯绝缘聚氯乙烯聚乙烯护套钢带铠装电力电缆	敷设在室内、隧道内直埋土壤，电缆能承受机械外力作用
	YJV32 YJLV32 YJV33 YJLV33 YJV42 YJLV42 YJV43 YJLV43	交联聚乙烯绝缘聚氯乙烯聚乙烯护套钢丝铠装电力电缆	敷设在高落差地区，电缆能承受机械外力作用及相当的拉力
控制电缆	KVV KVVR	聚氯乙烯绝缘聚氯乙烯聚乙烯护套控制电缆	敷设在室内、电缆沟、管道内及地下
	KVV22 KVV23	聚氯乙烯绝缘聚氯乙烯聚乙烯护套钢带铠装控制电缆	敷设在室内、电缆沟、管道内及地下，电缆能承受机械外力作用
	KVVP KVVP2 KVVRP	聚氯乙烯绝缘聚氯乙烯聚乙烯护套铜带铜丝编织屏蔽控制电缆	敷设在室内、电缆沟、管道内及地下，电缆具有防干扰能力
	KYJV KYJVR KYJY KYJYR	交联聚乙烯绝缘氯乙烯聚乙烯护套控制电缆	敷设在室内、电缆沟、管道内及地下
	KYJV22 KYJV23	交联聚氯乙烯绝缘聚氯乙烯聚乙烯护套钢带铠装控制电缆	敷设在室内、电缆沟、管道内及地下，电缆能承受机械外力作用
	KYJVP KYJYP2 KYJYRP	交联聚乙烯绝缘聚氯乙烯聚乙烯护套铜带铜丝编织屏蔽控制电缆	敷设在室内、电缆沟、管道内及地下，电缆具有防干扰能力

（续）

分类	规格型号	名称	使用范围
架空电缆	JKV JKLV	聚氯乙烯聚乙烯架空电缆	用于架空电力传输等场所
	JKYJ JKLYJ	交联聚乙烯绝缘架空电缆	
	JKTRYJ	软铜芯交联聚乙烯绝缘架空电缆	用于变压器引下线
	JKLYJ/Q	交联聚乙烯绝缘轻型架空电缆	用于架空电力传输等场所
	JKLGYJ JKLGYJ/Q	钢芯铝绞线交联聚乙烯绝缘架空电缆	用于架空电力传输等场所，并能承受相当的拉力
	LJ LGJ	铝绞线及钢芯铝绞线	用于架空固定敷设

表 7-4　特种电缆型号及其使用范

分类	规格型号	名称	使用范围
阻燃型	ZR－X	阻燃电缆	敷设在对阻燃有要求的场所
	GZR－X GZR	隔氧层阻燃电缆	敷设在对阻燃要求特别高的场所
	WDZR－X	低烟无卤阻燃电缆	敷设在对低烟无卤和阻燃有要求的场所
	GWDZR GWDZR－X	隔氧层低烟无卤阻燃电缆	电缆敷设在要求低烟无卤阻燃性能特别高的场所
耐火型	NH－X	耐火电缆	敷设在对耐火有要求的室内，隧道及管道中
	GNH－X	隔氧层耐火电缆	除耐火外要求高阻燃的场所
	WDNH－X	低烟无卤耐火电缆	敷设在有低烟无卤耐火要求的室内、隧道及管道中
	GWDNH GWDNH－X	隔氧层低烟无卤耐火电缆	电缆除低烟无卤耐火特性要求外，对阻燃性能有更高要求的场所
防水	FS－X	防水电缆	敷设在地下水位常年较高，对防水有较高要求的地区
耐寒	H－X	耐寒电缆	敷设在环境温度常年较低，对抗低温有较高要求的地区
环保	FYS－X	环保型防白蚁、防鼠电缆	用于白蚁和鼠害严重地区以及有阻燃要求地区的电力电缆、控制电缆

五、电缆选择的原则

1. 电缆的选择一般原则

一般要从型号、规格和载流量三个方面来选择。

(1)型号的选择

选择时,需要考虑到用途、敷设条件和安全性。

比如,根据用途的不同,可以选择电力电缆、架空绝缘电缆、控制电缆等;根据敷设条件的不同,可以选择一般塑料绝缘电缆、钢带铠装电缆、钢丝铠装电缆、防腐电缆等;根据安全性要求的不同,可以选择不延燃电缆、阻燃电缆、无卤阻燃电缆、耐火电缆等。

(2)规格的选择

确定电线电缆的使用规格(导体截面)时,一般应根据发热、电压损失、经济电流密度、机械强度等选择条件选择。另外,不同的电缆型号及其使用范围参见表 7-3和表 7-4。

(3)载流量的选择

同一规格铝芯导线载流量约为铜芯的 0.7 倍,选用铝芯导线可比铜芯导线大一个规格,交联聚乙烯绝缘可选用小一档规格,耐火电线电缆则应选较大规格。当环境温度较高或采用明敷方式等,其安全载流量都会下降,此时应选用较大规格;当用于频繁起动电机时,应选用大 2～3 个规格。

截面积的具体选择,参见本章第 3 节。此外,电缆的绝缘和外护层的选择还需符合下列要求。

2. 绝缘的选择要求

(1)需经常移动的电气设备或有较高柔软性要求的回路,应使用橡皮绝缘电缆。

(2)放射线作用场所,应按绝缘类型要求选用交联聚乙烯、乙丙橡皮绝缘电缆。

(3)60℃以上场所,应按经受高温及其持续时间和绝缘类型要求,选用耐热聚氯乙烯、普通交联聚乙烯、辐射式交联聚氯乙烯或乙丙橡皮绝缘等适合的耐热型电缆:60℃～100℃以上高温环境,宜采用矿物绝缘电缆。高温场所不宜用聚氯乙烯绝缘电缆。

(4)－20℃以下环境,应按低温条件和绝缘类型的要求,选用油浸纸绝缘类或交联聚乙烯、聚乙烯绝缘、耐寒橡皮绝缘电缆。低温环境下不宜用聚氯乙烯绝缘电缆。

(5)有低毒难燃性防火要求场所,可采用交联聚乙烯、聚乙烯或乙丙橡皮等绝缘不含卤素的电缆。防火有低毒性要求时，不宜用聚氯乙烯电缆。

3. 外护层的选择要求

(1)交流单相回路的电力电缆，不得有未经非磁性处理的金属带、钢丝铠装

(2)直埋敷设电缆的外护层选择规定

1)电缆承受较大压力或有机械操作危险时，应有加强层或钢带铠装。

2)在流砂层、回填土地带等可能出现位移的土壤中，电缆应有钢丝铠装。

3)位于白蚁危害严重地区且塑料电缆无尼龙外套时，可采用金属套或钢带铠装。

(3)空气中固定敷设电缆时的外护层选择规定

1)应具有钢带铠装的情况：

①油浸纸绝缘铅套电缆直接在臂式支架上敷设时；

②小截面积塑料绝缘电缆直接在臂式支架上敷设时。

2)可具有钢丝铠装的情况：

①电缆位于高落差的受力条件时；

②在地下客运、商业设施等安全性要求高而鼠害严重的场所，也可具有金属套。

3)敷设在梯架或托盘等支承密接的电缆，可不含铠装。

4)高温 60℃ 以上场所采用聚乙烯等耐热外套的电缆外，宜用聚氯乙烯外套。

5)严禁在封闭式通道内使用纤维外被的明敷电缆。

第二节　绝缘导线的分类、型号、使用范围及选择的一般原则

一、绝缘导线的分类和型号

一般常用绝缘导线有以下几种。

(1)橡皮绝缘导

型号：BLX－铝芯橡皮绝缘线、BX－铜芯橡皮绝缘线。

(2)聚氯乙烯绝缘导线(塑料线)

型号：绝缘导线有铜芯、铝芯，用于屋内布线，工作电压一般不超过 500V。

二、绝缘导线的型号和敷设方式

绝缘导线的常用型号和敷设方式见表 7-5。

表 7-5　常用绝缘导线型号和敷设方式

敷设方式	导线型号	额定电压/kV	产品名称	最小截面/mm^2	附　注
吊灯用软线	RVS	0.25	铜芯聚氯乙烯绝缘型软线	0.5	
	RFS		铜芯丁腈聚氯乙烯复合物绝缘软线		
穿管线槽塑料线夹	BV	0.45/0.75	铜芯聚氯乙烯绝缘电线	1.5	
	BLV		铜芯聚氯乙烯绝缘电线	2.5	
	BX		铜芯橡皮绝缘电线	1.5	
	BLX		铜芯橡皮绝缘电线	2.5	
	BXF		铜芯氯丁橡皮绝缘电线	1.5	
	BLXF		铜芯氯丁橡皮绝缘电线	2.5	
架空进户线	BV	0.45/0.75	铜芯聚氯乙烯绝缘电线	10	距离应不超过 25mm
	BLV		铜芯聚氯乙烯绝缘电线		
	BXF		铜芯氯丁橡皮绝缘电线		
	BLXF		铜芯氯丁橡皮绝缘电线		
架空线	JKLY	0.6/1	交联聚乙烯绝缘架空电缆	16(25)	居民小区不小于 $35mm^2$
	JKLYJ	10	交联聚乙烯绝缘架空电缆	25(35)	
	LJ		铝芯绞线		
	LGJ		钢芯铝绞线		

三、绝缘导线选择的一般原则

绝缘导线选择的一般原则，与电缆选择的一般原则一致，参见第 1 节的相关内容。

第三节　电缆、绝缘导线截面的选择

一、选择电缆、绝缘导线截面积时必须满足的条件

为了保证供电线路安全、可靠、优质、经济地运行，选择导线和电缆截面时必须满足下列条件。

1. 发热

电缆和绝缘导线在通过正常最大负荷电流（即计算电流）时产生的发热温

度，不应超过其正常运行时的最高允许温度。为了保证导线和电缆的实际工作温度不超过允许值，所选导线或电缆允许的长期工作电流（允许载流量）不应小于线路的计算工作电流。

2. 电压损失

电缆和绝缘导线在通过正常最大负荷电流时产生的电压损耗，不应超过正常运行时允许的电压损耗。

3. 经济电流密度

高压线路和特大电流的低压线路，应按规定的经济电流密度选择导线和电缆的截面，以使线路的年运行费用接近最小，节约电能和有色金属。

4. 机械强度

导线在安装和运行中，可能受到各种外界因素影响，如风、雨、雪、冰及温度应力，室内导线安装过程中的拉伸、穿管等都需要足够的机械强度。因此，为了保证安全运行，在各种敷设条件和敷设方式下，按机械强度要求，所选导线截面不得小于最小允许截面。

此外，对于绝缘导线和电缆，还应满足工作电压的要求。

二、按允许载流量（发热条件）选择截面积

1. 三相系统相线截面积的选择

(1)长期工作负荷

电流通过导线会使导线发热。裸导线的温度过高时，会使接头处的氧化加剧，进而增大接触电阻，使之进一步氧化。最后可能会导致断线。且绝缘导线和电缆的温度过高时，可使绝缘加速老化甚至烧毁、引起火灾。

按允许载流量条件，每一种导线截面在不同敷设条件下都对应一个允许的载流量。不同材料、不同绝缘类型的导线即使截面相等，其允许载流量也不同。导线在其允许载流量范围内运行，温升不会超过允许值。因此，按允许载流量条件选择导线截面，就是要求计算电流不超过导线正常运行时的允许载流量，并按允许电压损失条件进行校验。

按发热条件选择三相系统中的相线截面时，应使其允许载流量 I_{al} 不小于通过相线的计算电流 I_{30}，即：

$$I = K_{\theta} K_{F} I_{al} > I_{30} \tag{7-1}$$

式中：I_{30}——线路的计算电流（A）；

I_{al}——导线的允许载流量（A）；

K_{θ}——温度校正系数；

K_F——修正系数。

对降压变压器高压侧的导线，I_{30} 取变压器额定一次电流 I_{1NT}。容器的引入线，考虑电容器充电时有较大的涌流，I_{30} 应取电容器额定电流 I_{NC} 的 1.35 倍。表 7-6 为塑料绝缘导线空气中敷设长期负载下的载流量。

表 7-6 塑料绝缘导线空气中敷设长期负载下的载流量

(导线型号为 BLV、BV、BVR、RVB、RVS、RFB、RFS，线芯允许温度为 65℃)

标称截面 (mm^2)	铝芯载流量 (A)	铜芯载流量 (A)	标称截面 (mm^2)	铝芯载流量 (A)	铜芯载流量 (A)
1	—	20	35	140	180
1.5	—	25	50	175	230
2.5	26	34	70	25	290
4	34	45	95	270	350
6	44	57	120	330	430
10	62	85	150	380	500
16	85	110	185	450	580
25	110	150	240	540	710

另外，在不同的敷设条件下，同一导线截面其允许载流量是不同的，甚至相差很大。当导线敷设地点的环境温度与导线允许载流量所采用的环境温度不同时，导线的允许载流量应乘以温度校正系数 K_θ，即：

$$K_\theta=\sqrt{\frac{\theta_{al}-\theta'_0}{\theta_{al}-\theta_0}} \tag{7-2}$$

式中：θ_{al}——导线额定负荷时的最高允许温度(℃)；

θ_0——导线的允许载流量所采用的环境温度(℃)；

θ'_0——导线敷设地点实际的环境温度(℃)。

这里所说的环境温度，在室外，一般取当地最热月平均最高气温。在室内则取当地最热月平均最高气温加 5℃。对土壤中直埋的电缆，则取当地最热月地下 0.8～1m 的土壤平均温度，亦可近似地取为当地最热月平均气温。

电缆或导线在空气或土壤中多根并列敷设或穿管敷设时，其允许载流量也要进行相应的校正。修正系数参见表 7-7。

表 7-7 电缆多根并列埋设时的电流修正系数

电缆外皮间距(mm) \ 电缆根数	1	2	3	4	5	6	7	8
100	1	0.90	0.85	0.80	0.78	0.75	0.73	0.72
200	1	0.92	0.87	0.84	0.82	0.81	0.80	0.79
300	1	0.93	0.90	0.87	0.86	0.86	0.85	0.84

(2)重复性短时工作负荷

负荷重复周期 $t\leqslant 10\text{min}$,工作时间 $t_g\leqslant 4\text{min}$ 时,电缆或导线的允许载流量如下。

1)截面 $S\leqslant 6\text{mm}^2$ 的铜线,或 $S\leqslant 10\text{mm}^2$ 的铝线,按长期工作制计算。

2)截面 $S>6\text{mm}^2$ 的铜线,或 $S>10\text{mm}^2$ 的铝线,等于长期允许载流量的 $\frac{0.875}{\sqrt{\varepsilon}}$ 倍,ε 是该用电设备的暂载率百分数。

(3)短时工作制负荷

当工作时间 $t_g\leqslant 4\text{min}$,电缆或导线的散热可以降到周围环境温度,此时电缆或导线的允许电流按重复短时工作制决定。

2. 中性线和保护线截面积的选择

(1)中性线(N 线)截面的选择

1)一般情况下,三相四线制线路的中性线截面 S_N,应大于等于相线截面 S_ϕ 的 50%。

2)由三相四线制线路引出的两相三线线路和单相线路,由于其中性线电流与相线电流相等,因此它们的中性线截面 S_N 应与相线截面 S_ϕ 相等。

3)三次谐波电流相当突出的三相四线制线路,由于各相的三次谐波电流都要通过中性线,因此,中性线截面 S_N 应等于或大于相线截面 S_ϕ。

(2)保护线(PE 线)截面的选择

当三相系统发生单相接地时,短路故障电流要通过保护线,因此保护线要考虑单相短路电流通过时的短路热稳定度。现行国家标准规范《低压配电设计规范》GB 50054—2011 对保护线(PE 线)截面 S_{PE} 的规定如下。

1)当 $S_\phi\leqslant 16\text{mm}^2$ 时,$S_{PE}\geqslant S_\phi$。

2)当 $16\text{mm}^2\leqslant S_\phi\leqslant 25\text{mm}^2$ 时,$S_{PE}\geqslant 16\text{mm}^2$。

3)当 $S_\phi>35\text{mm}^2$ 时,$S_{PE}\geqslant 0.5S_\phi$。

(3)保护中性线(PEN 线)截面的选择

保护中性线兼有保护线和中性线的双重功能,因此其截面选择应同时满足上述对保护线和中性线的要求,取其中的最大值。

三、按允许电压损失选择截面积

为保证用电设备的安全运行，必须使设备接线端子处的电压在允许值范围内。因导线电阻的存在，必须在线路全程产生一定的线路压降。因此，对设备端电压质量有要求时，应按电压损失选择相应线缆截面，并按允许载流量（发热条件）校验。

1. 电压损失表示方法和允许值

由于导线中存在阻抗，所以在负荷电流流过时，导线上就会产生压降。把始端电压 U_1 和末端电压 U_2 的数差与额定电压比值的百分数定义为该线路的电压损失，用 $\Delta U\%$ 表示。即：

$$\Delta U\% = \frac{U_1 - U_2}{U_N} \times 100\% \tag{7-3}$$

式中：$\Delta U\%$——电压损失（也称电压变化率）；

U_1——线路始端电压（V）；

U_2——线路末端电压（V）；

U_N——线路额定电压（V）。

交流线路的电压损失是由电阻和电抗引起的。低压线路由于距离短，线路电阻值要比电抗值大得多。所以一般忽略电抗，认为低压线路电压损失仅与线路电阻和传输功率有关，与有功负荷成正比，与线路长度成正比，与导线截面成反比。即：

$$\Delta U\% = \frac{P_{\Sigma C} L}{C \times S \times 100} \tag{7-4}$$

式中：$\Delta U\%$——电压损失；

$P_{\Sigma C}$——待选导线上总的计算有功功率（kW）；

L——导线单程长度（m）；

S——导线截面（mm^2）；

C——电压损失计算常数，参见表 7-8。

表 7-8　线路电压损失计算常数 C 值

线路系统及电流种类	C 值表达式	额定电压	C 值	
			铜线	铝线
三相四线系统	$U_N^2 \times 100/\rho$	380/220	77	44.6
单项交流或直流	$U_N^2 \times 100/2\rho$	220	12.8	7.75
		110	3.2	1.9
		36	0.34	0.21
		24	0.153	0.092
		12	0.038	0.023

注：ρ 为导体电阻率。

2. 不同负载下截面积的计算

(1)纯电阻负载时,导线截面计算公式为:

$$S=\frac{K_{\mathrm{N}}M}{C\Delta U\%\times 100\%}=\frac{K_{\mathrm{N}}P_{\Sigma C}L}{C\Delta U\%\times 100\%} \tag{7-5}$$

式中:K_{N}——需要系数,主要是考虑设备同期开启、使用或满载情况,以及电机自身效率等因素;

M——负荷矩,单位(kW·m)。

(2)有感性负载时,导线选择公式为:

$$S=\frac{B}{C\Delta U\%\times 100}=\frac{BP_{\Sigma C}L}{C\Delta U\%\times 100} \tag{7-6}$$

式中:B——校正系数,参见表 7-9。

表 7-9 感性负载电压损失校正系数 B 值

不同类型的导线和敷设方式		铜或铝导线明设					电缆明设或埋地,导线穿管					裸铜线架设			裸铝线架设		
负荷的功率因数		0.9	0.85	0.8	0.75	0.7	0.95	0.85	0.8	0.75	0.7	0.9	0.8	0.7	0.9	0.8	0.7
导线截面(mm^2)	6												1.10	1.12			
	10											1.10	1.14	1.20			1.19
	16	1.10	1.12	1.14	1.16	1.19						1.13	1.21	1.28	1.10	1.14	
	25	1.13	1.17	1.20	1.25	1.28						1.21	1.32	1.44	1.13	1.20	1.28
	35	1.19	1.25	1.30	1.35	1.40						1.27	1.43	1.58	1.18	1.28	1.38
	50	1.27	1.35	1.42	1.50	1.58	1.10	1.11	1.13	1.15	1.17	1.37	1.57	1.78	1.25	1.38	1.53
	70	1.35	1.45	1.54	1.64	1.74	1.11	1.15	1.17	1.20	1.24	1.48	1.76	2.00	1.34	1.52	1.70
	95	1.50	1.65	1.80	1.95	2.00	1.15	1.20	1.24	1.28	1.32				1.44	1.70	1.90
	120	1.60	1.80	2.00	2.10	2.30	1.19	1.25	1.30	1.35	1.40				1.53	1.82	2.10
	150	1.75	2.00	2.20	2.40	2.60	1.24	1.30	1.37	1.44	1.50						

为保证线路电压损失不超过允许值,须对线路导线截面进行计算,若电压损失超过了允许值,则应加大导线截面,以满足其要求。

四、按机械强度选择截面积

导线在安装时,若机械强度太小、易断。如架空敷设时,若过细,机械强度太小,有可能在一定的杆塔跨距之下,如遇自然界风、雨、冰、雪等灾害加之自重作用,将会导致发生线缆断裂、中断供电的严重事故;暗敷设时,线缆要穿过固定在墙内的管道，若机械强度不足，不能承受人的拉力，穿线过程中就可能造成芯线折断。因此，导线必须有一定的机械强度。按机械强度要求确定的绝缘导线最小截面，见表 7-10 和 7-11。

表 7-10 绝缘导线最小面积

<table>
<tr><th colspan="3" rowspan="2">用 途</th><th colspan="3">最小截面(mm^2)</th></tr>
<tr><th>铜芯软线</th><th>铜芯线</th><th>铝芯线</th></tr>
<tr><td rowspan="3">照明等头线</td><td colspan="2">民用建筑 室内</td><td>0.4</td><td>0.5</td><td>1.5</td></tr>
<tr><td rowspan="2">工业建筑</td><td>室外</td><td>0.5</td><td>0.8</td><td>2.5</td></tr>
<tr><td>室内</td><td>1.0</td><td>1.0</td><td>2.5</td></tr>
<tr><td rowspan="2">移动、便携式设备</td><td colspan="2">生活用</td><td>0.2</td><td></td><td></td></tr>
<tr><td colspan="2">生产用</td><td>1.0</td><td></td><td></td></tr>
<tr><td rowspan="8">架设在绝缘支持上的绝缘导线，其支持点的距离</td><td rowspan="2">1m 以上</td><td>室内</td><td></td><td>1.0</td><td>2.5</td></tr>
<tr><td>室外</td><td></td><td>1.5</td><td>2.5</td></tr>
<tr><td rowspan="2">2m 及以上</td><td>室内</td><td></td><td>1.0</td><td>2.5</td></tr>
<tr><td>室外</td><td></td><td>1.5</td><td>2.5</td></tr>
<tr><td colspan="2">6m 及以下</td><td></td><td>2.5</td><td>4.0</td></tr>
<tr><td colspan="2">12m 及以下</td><td></td><td>4.0</td><td>6.0</td></tr>
<tr><td colspan="2">12～25m</td><td>6.0</td><td>10</td><td></td></tr>
<tr><td colspan="2">穿管敷设</td><td>1.0</td><td>1.0</td><td>2.5</td></tr>
<tr><td>塑料绝缘线</td><td colspan="2">线槽明敷</td><td></td><td>0.75</td><td>2.5</td></tr>
<tr><td>聚氯乙烯绝缘护套线</td><td colspan="2">钢筋扎头固定</td><td></td><td>1.0</td><td>2.5</td></tr>
<tr><td>套线</td><td colspan="2"></td><td></td><td></td><td></td></tr>
</table>

表 7-11 架空线路最小截面

架空线路(mm^2)	铜芯铝绞线(mm^2)	铝及铝合金线(mm^2)	铜线(mm^2)
35kV	25	35	—
6～10kV	25	35(居民区) 25(非居民区)	16
1kV 以下	16	16	6

五、电缆和绝缘导线截面的校验

实际工程设计中，根据上述条件选择确定导线型号及截面后，通常还需进行相应校验。导线截面选择和校验项目见表7-12。

(1)35kV及以上供电线路,因其传输容量大、距离长,一般按经济电流密度选择线缆截面后,再按允许载流量、电压损失和机械强度进行校验。

(2)无调压装置的6～10kV、距离较长和电流大的供电线路,按允许电压损失选择线缆截面后,再按允许载流量和机械强度进行校验。

(3)6～10kV及以下线路通常按允许载流量选择截面后,再按允许电压损失和机械强度校验。

(4)低压线路中,由于照明线路对供电质量要求较高,故该线路的线缆截面在按允许电压损失选择后,再按发热条件和机械强度条件校验。

(5)低压动力线路按允许载流量选择截面后,再按发热条件和机械强度条件校验。

表7-12　导线截面选择和校验项目

线路类型	允许载流量	允许电压损失	经济电流密度	机械强度	热稳定	动稳定
35kV及以上进线	△	△	○	△		
无调压装置的6～10kV较长线路	△	○		△	△ (电缆是必须)	
6～10kV较短线路	○	△		△	△ (电缆是必须)	
铜铝硬母线	○		△		△	△
低压照明线路	△	○		△		
低压动力线路	○	△		△		

注:○为选择条件;△为校验项目。

需要注意的是,铜/铝硬母线一般作为汇流排应用于配电箱(盘、柜、屏)中,除按规定要求进行截面选择外,还必须进行短路热稳定性和动稳定性校验。

六、母线的短路热稳定性和动稳定性校验

母线,也称母排或载流排,是承载电流的一种导体。主要用于汇集、分配和传送电能,连接一次设备。

1. 母线的热稳定校验

按最大长期工作电流及经济电流密度选出母线截面后,还应按热稳定校验。按热稳定要求的导体最小截面为:

$$S_{min}=\frac{I_{\infty}}{C}\sqrt{t_{dz}K_S} \tag{7-7}$$

式中：I_{∞}——短路电流稳太值(A)；

K_S——集肤效应系数，对于矩形母线截面在 100m^2 以下，$K_S=1$；

t_{dz}——热稳定计算时间；

C——热稳定系数，见表 7-13。

表 7-13 热稳定系数

<table>
<tr><th colspan="3">导体种类及材料</th><th>热稳定系数</th></tr>
<tr><td rowspan="3">母线</td><td colspan="2">铜</td><td>171</td></tr>
<tr><td colspan="2">铜(接触面有锡层时)</td><td>164</td></tr>
<tr><td colspan="2">铝</td><td>87</td></tr>
<tr><td rowspan="6">油浸纸绝缘电缆</td><td rowspan="3">铜芯</td><td>1～3kV</td><td>148</td></tr>
<tr><td>6kV</td><td>145</td></tr>
<tr><td>10kV</td><td>148</td></tr>
<tr><td rowspan="3">铝芯</td><td>1～3kV</td><td>84</td></tr>
<tr><td>6kV</td><td>90</td></tr>
<tr><td>10kV</td><td>92</td></tr>
<tr><td colspan="2" rowspan="2">橡皮绝缘导线和电缆</td><td>铜芯</td><td>112</td></tr>
<tr><td>铝芯</td><td>74</td></tr>
<tr><td colspan="2" rowspan="2">聚氯乙烯导线和电缆</td><td>铜芯</td><td>100</td></tr>
<tr><td>铝芯</td><td>65</td></tr>
<tr><td colspan="2" rowspan="2">交联聚乙烯导线和电缆</td><td>铜芯</td><td>140</td></tr>
<tr><td>铝芯</td><td>84</td></tr>
<tr><td colspan="2" rowspan="2">有中间接头的电缆
(不包括聚氯乙烯导线和电缆)</td><td>铜芯</td><td></td></tr>
<tr><td>铝芯</td><td>—</td></tr>
</table>

只要满足热稳定要求 $S>S_{\min}$ 即可。

2. **母线的动稳定校验**

各种形状的母线通常都安装在支持绝缘了上，当冲击电流通过母线时，电动力将使母线产生弯曲应力，因此必须校验母线的动稳定性。

安装在向一平面内的三相母线，其中间相受力最大，即：

$$F_{max}=1.732\times10^{-7}\times K_f\times I_{sk}^2\times\frac{l}{a} \tag{7-8}$$

式中：I_{sk}——短路冲击电流(A)；

K_f——母线形状系数，当母线相间距离远大于母线截面周长时，$K_f=1$；

l——母线跨距(m)；

a——母线相间距(m)。

母线通常每隔一定距离由绝缘瓷瓶自由支撑着。因此，当母线受电动力作用时，可以将母线看成一个多跨距载荷均匀分布的梁，当跨距段在两段以上时，其最大弯曲力矩为：

$$M=F_{max}\times\frac{l}{10} \tag{7-9}$$

若只有两段跨距时，则

$$M=F_{max}\times\frac{l}{8} \tag{7-10}$$

式中：F_{max}——一个跨距长度母线所受的电动力(N)。

母线材料在弯曲时最大相间计算应力为：

$$\sigma_{\Sigma C}=\frac{M}{W} \tag{7-11}$$

式中：W——母线对垂直于作用力方向轴的截面系数。

W 的值与母线截面形状及布置方式有关，母线水平放置时，$W=\frac{bh^2}{6}$；垂直放置时 $W=\frac{b^2h}{6}$。

母线的计算应力不能超过其允许应力。若超过时，必须采取相应的措施。措施有：将母线竖直改为平放；放大母线截面(会使投资增加)；限制短路电流值；增大相间距离；减少母线跨距的尺寸等。

在实际工程中，当矩形母线水平放置时，为避免导体因自重而过分弯曲，并考虑到绝缘子支座及引下线安装方便，常选取绝缘子跨距等于配电装置间隔的宽度。

3. 不需进行热效应和电动力效应校验的情况

(1)采用熔断器保护，连接熔断器下侧的母线(限流熔断器除外)。

(2)电压互感器回路的母线。

(3)变压器容量在 1250kV·A 及以下，电压 12kV 及以下，不至于因故障而损坏母线的部位。主要用于非重要用电场所的母线。

(4)不承受热效应和电动力效应的部位，如避雷器的连接线等。

第四节　电缆敷设的一般要求

1. 敷设前的检查

(1)电缆沟、电缆隧道、排管、交叉跨越管道及直埋电缆沟深度、宽度、弯曲半径等符合设计和规程要求。电缆通道畅通,排水良好。金属部分的防腐层完整。隧道内照明、通风符合设计要求。

(2)电缆型号、电压、规格应符合设计要求。

(3)电缆外观应无损伤,当对电缆的外观和密封状态有怀疑时,应进行潮湿判断;直埋电缆与水底电缆应试验并合格。外护套有导电层的电缆,应进行外护套绝缘电阻试验并合格。

(4)充油电缆的油压不宜低于0.15MPa;供油阀门应在开启位置;动作应灵活;压力表指示应无异常;所有管接头应无渗漏油;油样应试验合格。

(5)电缆放线架应放置稳妥,钢轴的强度和长度应与电缆盘重量和宽度相配合,敷设电缆的机具应检查并调试正常,电缆盘应有可靠的制动措施。

(6)敷设前应按设计和实际路径计算每根电缆的长度,合理安排每盘电缆,减少电缆接头。中间接头位置应避免设置在交叉路口、建筑物门口、与其他管线交叉处或通道狭窄处。

(7)在带电区域内敷设电缆,应有可靠的安全措施。

(8)采用机械敷设电缆时,牵引机和导向机构应调试完好。

2. 电缆的选择

(1)三相四线制系统中应采用四芯电力电缆,不应采用三芯电缆另加一根单芯电缆或以导线、电缆金属护套作中性线。

(2)并联使用的电力电缆其长度、型号、规格应相同。

3. 电缆各支持点间的距离、最小弯曲半径和敷设位差

(1)电缆各支持点间的距离应符合设计规定。当设计无规定时,不应大于表7-14中所列数值。

表7-14　电缆各支持点间的距离(mm)

电缆种类		敷设方式	
		水平	垂直
电力电缆	全塑型	400	1000
	除全塑型外的中低压电缆	800	1500
控制电缆	800	1000	

注:全塑型电力电缆水平敷设沿支架能把电缆固定时,支持点间的距离允许为800mm。

(2)电缆的最小弯曲半径应符合表 7-15 的规定。

表 7-15　电缆最小弯曲半径

<table>
<tr><th colspan="3">电缆型式</th><th>多芯</th><th>单芯</th></tr>
<tr><td rowspan="3">控制电缆</td><td colspan="2">非铠装型,屏蔽型软电缆</td><td>6D</td><td rowspan="3">—</td></tr>
<tr><td colspan="2">铠装型,铜屏蔽型</td><td>12D</td></tr>
<tr><td colspan="2">其他</td><td>10D</td></tr>
<tr><td rowspan="3">橡皮绝缘电力电缆</td><td colspan="2">无铅包,钢铠护套</td><td colspan="2">10D</td></tr>
<tr><td colspan="2">裸铅包护套</td><td colspan="2">15D</td></tr>
<tr><td colspan="2">钢铠护套</td><td colspan="2">20D</td></tr>
<tr><td rowspan="2">塑料绝缘电缆</td><td colspan="2">无铠装</td><td>15D</td><td>20D</td></tr>
<tr><td colspan="2">有铠装</td><td>12D</td><td>15D</td></tr>
<tr><td rowspan="3">油浸纸绝缘电力电缆</td><td colspan="2">铝套</td><td colspan="2">30D</td></tr>
<tr><td rowspan="2">铅套</td><td>有铠装</td><td>15D</td><td>20D</td></tr>
<tr><td>无铠装</td><td>20D</td><td>—</td></tr>
<tr><td colspan="3">自容式充油(铅包)电缆</td><td>—</td><td>20D</td></tr>
</table>

注:表中 D 为电缆外径。

(3)粘性油浸纸绝缘电缆最高点与最低点之间的最大位差,不应超过表 7-16 的规定;当不能满足要求时,应采用适应于高位差的电缆。

表 7-16　粘性油浸纸绝缘铅包电力电缆的最大允许敷设位差

电压(kV)	电缆护层结构	最大允许敷设位差(m)
1	无铠装	20
	铠装	25
6～10	铠装或无铠装	15
35	铠装或无铠装	5

4. 放线

电缆敷设时,电缆应从盘的上端引出,不应使电缆在支架上及地面摩擦拖拉。电缆上不得有铠装压扁、电缆绞拧、护层折裂等未消除的机械损伤。

5. 机械敷设电缆

(1)用机械敷设电缆时的最大牵引强度宜符合表 7-17 的规定,充油电缆总拉力不应超过 27kN。

表 7-17　电缆最大牵引强度(N/mm^2)

牵引方式	牵引头		钢丝网套		
受力部位	铜芯	铝芯	铅套	铝套	塑料护套
允许牵引强度	70	40	10	40	7

(2)机械敷设电缆的速度不宜超过 15m/min。

(3)在使用机械敷设大截面电缆时,应在施工措施中确定敷设方法、线盘架设位置、电缆牵引方向,校核牵引力和侧压力,配备敷设人员和机具。

(4)机械敷设电缆时,应在牵引头或钢丝网套与牵引钢缆之间装设防捻器。

6. 电缆允许敷设最低温度

敷设电缆时,电缆允许敷设最低温度,在敷设前 24h 内的平均温度以及敷设现场的温度不应低于表 7-18 的规定;当温度低于表 7-18 的规定值时,应采取措施(若厂家有要求,按厂家要求执行)。

表 7-18　电缆允许敷设最低温度

电缆类别	电缆结构	允许敷设最低温度(℃)
油浸纸绝缘电力电缆	充油电缆	−10
	其他油纸电缆	0
橡皮绝缘电力电缆	橡皮或聚氯乙烯护套	−15
	铅护套钢带铠装	−7
塑料绝缘电力电缆	—	0
控制电缆	耐寒护套	−20
	橡皮绝缘聚氯乙烯护套	−15
	聚氯乙烯绝缘聚氯乙烯护套	−10

7. 电力电缆接头的布置应符合下列要求

(1)并列敷设的电缆,其接头的位置宜相互错开。

(2)电缆明敷时的接头,应用托板托置固定。

(3)直埋电缆接头应有防止机械损伤的保护结构或外设保护盒。位于冻土层内的保护盒,盒内宜注入沥青。

(4)电力电缆在终端头与接头附近宜留有备用长度。

8. 电缆的固定,应符合下列要求

(1)在下列地方应将电缆加以固定:

1)垂直敷设或超过 45°倾斜敷设的电缆在每个支架上。

2)水平敷设的电缆,在电缆首末两端及转弯、电缆接头的两端处,当对电缆间距有要求时,每隔 5～10m 处。

(2)单芯电缆的固定应符合设计要求。

(3)交流系统的单芯电缆或分相后的分相铅套电缆的固定夹具不应构成闭合磁路。

9. 电缆的切断

(1)油浸纸绝缘电力电缆在切断后,应将端头立即铅封。

(2)塑料绝缘电缆应有可靠的防潮封端。

(3)充油电缆在切断后尚应符合下列要求:

1)在任何情况下,充油电缆的任一段都应有压力油箱保持油压。

2)连接油管路时,应排除管内空气,并采用喷油连接。

3)充油电缆的切断处必须高于邻近两侧的电缆。

4)切断电缆时不应有金属屑及污物进入电缆。

10. 电缆在电缆沟、隧道等的敷设一般要求

(1)电缆敷设时,不应损坏电缆沟、隧道、电缆井和人井的防水层。

(2)电缆进入电缆沟、隧道、竖井、建筑物、盘(柜)以及穿入管子时,出入口应封闭,管口应密封。

11. 电缆的排列及标志牌

(1)电缆敷设时应排列整齐,不宜交叉,加以固定,并及时装设标志牌。

(2)标志牌的装设应符合下列要求:

1)生产厂房及变电站内应在电缆终端头、电缆接头处装设电缆标志牌。

2)城市电网电缆线路应在下列部位装设电缆标志牌:

①电缆终端及电缆接头处。

②电缆管两端,人孔及工作井处。

③电缆隧道内转弯处、电缆分支处、直线段每隔 50～100m。

3)标志牌上应注明线路编号。当无编号时,应写明电缆型号、规格及起讫地点;并联使用的电缆应有顺序号。标志牌的字迹应清晰不易脱落。

4)标志牌规格宜统一。标志牌应能防腐,挂装应牢固。

12. 装有避雷针的照明灯塔的电缆敷设

装有避雷针的照明灯塔,电缆敷设时尚应符合现行国家标准《电气装置安装工程接地装置施工及验收规范》GB 50169 的有关规定。

第八章 建筑电气照明

第一节 照明系统概述

一、常用的照明物理量概念

1. 光通量

人眼对不同波长的可见光具有不同的灵敏度，对黄绿光最敏感。人们比较几种波长不同而辐射能量相同的光时，会感到黄绿光最亮，而波长较长的红光与波长较短的紫光都暗得多，因此不能直接以光源的辐射功率来衡量光能量，而要采用以人眼对光的感觉量为基准的基本量——光通量——来衡量。

光通量 Φ 是根据辐射对标准光度观察者的作用导出的光度量。单位为流明(lm)，

1lm＝1cd・1sr。对于明视觉有：

$$\Phi = K_m \int_0^{\infty} \frac{d\Phi_e(\lambda)}{d\lambda} V(\lambda) d\lambda \tag{8-1}$$

式中：$d\Phi_e(\lambda)/d\lambda$——辐射通量的光谱分布；

$V(\lambda)$——光谱光(视)效率；

K_m——辐射的光谱(视)效能的最大值，单位为流明瓦特(lm/W)。在单色辐射时，明视觉条件下的 K_m 值为683lm/W(λ＝555nm时)。

2. 发光强度

发光体在给定方向上的发光强度是该发光体在该方向的立体角元 $d\Omega$ 内传输的光通量 $d\Phi$ 除以该立体角元所得之商，即单位立体角的光通量。单位为坎德拉(cd)，1cd＝1lm/sr。

一只典型的100W白炽灯(电灯泡)发出的光大约1700lm，一只25W的荧光灯(日光灯、光管)也可以发出相同的光通量。在人眼看来，这两只灯泡的“亮度”是一样的。

3. 亮度

亮度是指发光表面在指定方向的发光强度与垂直且指定方向的发光面的面积之比，单位是坎德拉/平方米（cd/m^2）。

$$L = d^2\Phi/(dA \cdot \cos\theta \cdot d\Omega) \tag{8-2}$$

式中：$d\Phi$——由给定点的光束元传输的并包含给定方向的立体角 $d\Omega$ 内传播的光通量(lm)；

dA——包括给定点的射束截面积(m^2)；

θ——射束截面法线与射束方向间的夹角。

4. 照度

入射在包含该点的面元上的光通量 $d\Phi$ 除以该面元面积 dA 所得之商。单位为勒克斯(lx)，$1lx = 1lm/m^2$。

有时为了充分利用光源，常在光源上附加一个反射装置，使得某些方向能够得到比较多的光通量，以增加这一被照面上的照度。例如汽车前灯、手电筒、摄影灯等。

二、照明方式

1. 一般照明

一般照明是指为照亮整个场所而设置的均匀照明。对于室内，一般照明是指为照亮整个工作面而设置的照明，可采用若干灯对称地排列在整个顶棚上来实现；对于施工现场，一般照明是指为照亮整个施工现场而设置的照明，可采用若干室外照明灯分散或集中设置来实现。

工作场所应设置一般照明。

2. 分区一般照明

为照亮工作场所中某一特定区域，而设置的均匀照明。当同一场所内的不同区域有不同照度要求时，应采用分区一般照明。

3. 局部照明

特定视觉工作用的、为照亮某个局部而设置的照明。如施工现场的投光灯照明。在一个工作场所内不应只采用局部照明。

4. 混合照明

由一般照明与局部照明组成的照明，兼有一般照明和局部照明效果的照明形式。对于作业面照度要求较高，只采用一般照明不合理的场所，宜采用混合照明。

5. 重点照明

为提高指定区域或目标的照度，使其比周围区域突出的照明。

三、照明种类

1. 正常照明

在正常情况下使用的照明。所有居住房间、室内工作场所及相关辅助场所均应设置正常照明。

2. 应急照明

因正常照明的电源失效而启用的照明。应急照明包括疏散照明、安全照明、备用照明。疏散照明是用于确保疏散通道被有效地辨认和使用的应急照明。安全照明是用于确保处于潜在危险之中的人员安全的应急照明。备用照明是用于确保正常活动继续或暂时继续进行的应急照明。

当下列场所正常照明电源失效时，应设置应急照明：

(1)需确保正常工作或活动继续进行的场所，应设置备用照明。

(2)需确保处于潜在危险之中的人员安全的场所，应设置安全照明。

(3)需确保人员安全疏散的出口和通道，应设置疏散照明。

3. 值班照明

非工作时间，为值班所设置的照明。需在夜间非工作时间值守或巡视的场所应设置值班照明。

4. 警卫照明

用于警戒而安装的照明。需警戒的场所，应根据警戒范围的要求设置警卫照明。

5. 障碍照明

在可能危及航行安全的建筑物或构筑物上安装的标识照明。

第二节　常用电光源及其附属装置

电气照明装置主要包括电光源、控制开关、插座、保护器和照明灯具。照明线路将各电气照明装置连接起来即构成照明电路，通电即可实现照明并根据需要实现控制照明。选用照明装置时，应遵循有关设计标准，如《建筑照明设计标准》GB 50034—2013。

一、常用电光源与灯具

按照工作原理,电光源可以分为热辐射光源、气体放电光源以及其他发光光源。

1. 热辐射光源

利用电流的热效应,将具有耐高温、低挥发性的灯丝加热到白炽化程度而产生可见光,这种电光源称热辐射光源。常用的热辐射光源有白炽灯、卤钨灯等。

(1)白炽灯

白炽灯是第一代大规模应用的电光源。其发光原理是靠钨丝白炽体的高温热辐射发光。白炽灯具有构造简单、安装使用方便,能瞬间点燃、价格便宜等优点。其缺点是可见光只占热辐射的很少一部分,发光率低,寿命短,而且有黑化现象。目前白炽灯正在被逐步淘汰。

(2)卤钨灯

卤钨灯是在白炽灯的基础上改进而来的,也是第一代电光源。与白炽灯相比,它有体积小、光通量稳定、光效高、光色好、寿命长等特点。其发光原理与白炽灯相同。卤钨灯的性能比白炽灯有所改进,主要是由于卤钨循环的作用。卤钨灯包括碘钨灯和溴钨灯。已被广泛作为商业橱窗、餐厅、会议室、博物馆、展览馆照明光源。

2. 气体放电光源

这种光源是利用电场对气体的作用,使气体电离,电子离子撞击荧光粉产生可见光。常用的气体放电光源有荧光灯、汞灯、钠灯、金属卤化物灯等。

(1)荧光灯

荧光灯(俗称日光灯)的发光原理是利用汞蒸气在外加电源作用下产生弧光放电,可以发出少量的可见光和大量的紫外线,紫外线再激励管内壁的荧光粉使之发出大量的可见光,属于第二代电光源。具有光色好、光效高、寿命长、表面温度低等优点,因此被广泛应用于各类建筑物的室内照明。缺点是功率因数低,有频闪效应,不宜频繁开启。

(2)高压汞灯

高压汞灯又叫高压水银灯,是一种较新型的电光源,它的主要优点是发光效率较高、寿命较长、省电、耐振。高压水银灯广泛用于街道、广场、车站、施工工地等大面积场所的照明。

(3)高压钠灯

高压钠灯是利用高压钠蒸气放电的气体放电灯。它具有光效高、紫外线辐射小、透雾性好、寿命长、耐振、亮度高等优点。适合在交通要道、机场跑道、航道、码头等需要高亮度和高光效的场所使用。

(4)金属卤化物灯

金属卤化物灯具有光效高、光色好(接近天然光)等优点。适用于电视、摄影、印染车间、体育馆以及要求高照度、高显色的场所。缺点是使用寿命短,光通量保持性及光色一致性较差。

3. LED灯

LED灯为低电压供电,具有附件简单、结构紧凑、可控性能好、色彩丰富纯正、高亮点,防潮、防震性能好、节能环保等优点,目前在显示技术领域,标志灯和带色的装饰照明占有举足轻重的地位。其能耗仅为白炽灯的1/10,寿命长达10万h以上,并且易于循环回收利用。

二、常见电光源的适用场所与选择原则

1. 常见电光源的适用场所

不同的电光源适用于不同的场所,见表8-1。

表8-1 常用电光源的适用场所

光源名称	适用场所	举例
白炽灯	1. 照明开关频繁,要求瞬时起动或要避免频闪效应的场所 2. 识别颜色要求较高或艺术需要的场所 3. 局部照明、事故照明 4. 需要调光的场所 5. 需要防止电磁波干扰的场所	住宅、旅馆、饭馆、美术馆、博物馆、剧场、办公室、层高较低及照度要求较低的厂房、仓库及小型建筑等
卤钨灯	1. 照度要求较高,显色性要求较好,且无振的场所 2. 要求频闪效应小 3. 需要调光	剧场、体育馆、展览馆、大礼堂、装配车间、精密机械加工车间
荧光灯	1. 悬挂高度较低(例如6m以下),要求照度又较高者(例如100lx以上) 2. 识别颜色要求较高的场所 3. 在无自然采光和自然采光不足而人们需长期停留的场所	住宅、旅馆、饭馆、商店、办公室、阅览室、学校、医院、层高较低但照度要求较高的厂房、理化计量室、精密产品装配、控制室等
荧光高压汞灯	1. 照度要求较高,但对光色无特殊要求的场所 2. 有振动的场所(自镇流式高压汞灯不适用)	大中型厂房、仓库、动力站房、露天堆场及作业场地、厂区道路或城市一般道路等

（续）

光源名称	适用场所	举　例
金属卤化物灯	高大厂房，要求照度较高，且光色较好场所	大型精密产品总装车间、体育馆或体育场等
高压钠灯	1. 高大厂房，照度要求较高，但对光色无特别要求的场所 2. 有振动的场所 3. 多烟尘场所	铸钢车间、铸铁车间、冶金车间、机加工车间、露天工作场地、厂区或城市主要道路、广场或港口等
半导体灯	干净，有阅读和鉴别要求的空间不大的场合	家庭、书房、办公室、夜总会包间等

2. 光源的选择原则

(1)应限制白炽灯、碘钨灯的使用。

(2)利用卤钨灯、紧凑型荧光灯取代普通的白炽灯。

(3)推荐 T8、T5 细管荧光灯。

(4)推荐采用钠灯和金属卤化物灯。

(5)利用高效节能灯具及其附件、控制设备和器件。

三、照明器

1. 照明器的概念

照明器一般由光源、照明灯具及其附件共同组成，除具有固定光源、保护光源、美化环境的作用外，还可以对光源产生的光通量进行再分配、定向控制和防止光源产生眩光的功能。

2. 照明器分类

分类方式较多，以下简单介绍几种。

(1)按结构特点分类

照明器按结构特点分为开启型、闭合型、封闭型、密封型和防爆型五种。

(2)按用途分类

照明器按用途可分为功能性照明器与装饰性照明器两种。

(3)按防触电保护方式分类

照明器按防触电保护方式可分为 0、Ⅰ、Ⅱ和Ⅲ四类。

(4)按防尘、防水等分类

目前采用特征字母“IP”后面跟两个数字来表示照明器的防尘、防水等级。

第一个数字表示对人、固体异物或尘埃的防护能力，第二个数字表示对水的防护能力。

(5)按光通量在空间的分布分类。

照明器按光通量在空间的分布分为直射型、半直射型、漫射型、半间接型、间接型。

其配光示意图如图 8-1 所示。

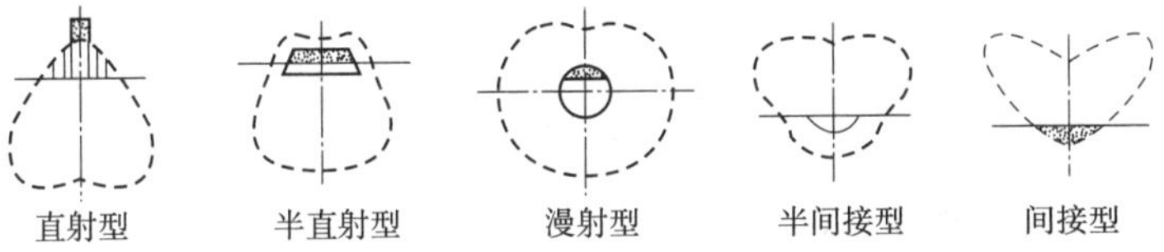

图 8-1　按照明器光通量在空间的分布分类

(6)按安装方式分类

照明器按安装方式分为壁灯、吸顶灯、嵌入式灯、半嵌入式灯、吊顶、地脚灯、台灯、落地灯、庭院灯、道路广场灯、移动式灯、自动应急照明灯等。

3. 照明器防护形式的选择

照明器防护形式的选择必须按下列环境条件确定。

(1)正常湿度一般场所，选用开启式照明器。

(2)潮湿或特别潮湿场所，选用密闭型防水照明器或配有防水灯头的开启式照明器。

(3)含有大量尘埃但无爆炸和火灾危险的场所，选用防尘型照明器。

(4)有爆炸和火灾危险的场所，按危险场所等级选用防爆型照明器。

(5)存在较强振动的场所，选用防振型照明器。

(6)有酸碱等强腐蚀介质场所，选用耐酸碱型照明器。

下列特殊场所应使用安全特低电压照明器。

(1)隧道、人防工程、高温、有导电灰尘、比较潮湿或灯具离地面高度低于 2.5m 等场所的照明，电源电压不应大于 36V。

(2)潮湿和易触及带电体场所的照明，电源电压不得大于 24V。

(3)特别潮湿场所、导电良好的地面、锅炉或金属容器内的照明，电源电压不得大于 12V。

第三节　照度计算

照度计算是照明设计的主要内容之一，是正确进行照明设计的重要环节。照度计算的目的是根据照明需要及其他已知条件，来决定照明灯具的数量以及其中电光源的容量，并据此确定照明灯具的布置方案；或者在照明灯具形式、布置及光源的容量都已确定的情况下，通过进行照度计算来定量评价实际使用场合的照明质量。下面介绍两种常用的照度计算方法：利用系数法和单位容量法。

一、利用系数法

利用系数法是根据房屋的空间系数等因素，利用多次相互反射的理论，求得灯具的利用系数，计算出要达到平均照度值所需要的灯具数的计算方法，是一种平均照度计算方法。这种方法适用于灯具均匀布置的一般照明。

1. 利用系数法的计算公式

每一盏灯具内灯泡的光通量为：

$$E_{av}=N\Phi K_U/Sk \tag{8-3}$$

最小照度值为：

$$E_{\min}=N\Phi K_U/SkZ \tag{8-4}$$

式中：E_{av}——工作面上的平均照度(lx)；

N——由布灯方案得出的灯具数量；

Φ——每盏灯具内光源的光通量(lm)；

K_U——光通利用系数；

S——房间面积(m^2)；

k——减光补偿系数，见表 8-2；

Z——最小照度系数(平均照度与最小照度之比)，见表 8-3。

表 8-2 减光补偿系数 k

环境类别	房间或场所举例	照度补偿系数	每年灯具擦洗次数
清洁	卧室、办公室、餐厅、阅览室、教室、客房等	8.25	2
一般	商店营业厅、候车室、影剧院、体育馆等	1.43	2
污染严重	厨房、锻造车间等	1.67	3
室外	雨篷、站台	1.54	2

利用系数 K_U 是表示照明光源的光通利用程度的一个参数，用投射到工作面上的光通量(包括直射和反射到工作面上的所有光通)与全部光源发出的总光通量之比来表示。

表 8-3　部分灯具的最小照度系数 z

灯具类型	L/h			
	0.8	8.2	1.6	2.0
双罩型工厂灯	8.27	8.22	8.33	1.55
散照型防水防尘灯	8.20	8.15	8.25	1.5
深照型灯	8.15	1.09	8.18	1.44
乳白玻璃罩吊灯	1.00	1.00	8.18	8.18

式 8-4 是当最小照度为 E 时，每一盏灯具所应发出的光通量 Φ；如果只需保证平均照度时，则不必除以最小照度系数 Z，一般是按照最小照度计算。

2. 计算步骤

(1)选择灯具，计算合适的计算高度，进行灯具布置。

(2)根据灯具的计算高度 h 及房间尺寸，确定室形指数 i，即

$$i=ad/h(a+b) \tag{8-5}$$

式中：i——室形指数；

h——计算高度(m)；

a——房间长度(m)；

b——房间宽度(m)。

$$RCR=\frac{5h_r(a+b)}{ab} \tag{8-6}$$

式中：RCR——室空间比；

h_r——室空间高，即灯具的计算高度 h(m)；

a——房间长度(m)；

b——房间宽度(m)。

(3)天棚、墙壁和地板的反射系数(分别用 p_t、p_q、p_d表示)如下。

1)白色天棚、带有窗子(有白色窗帘遮蔽)的白色墙壁，反射系数为 70%。

2)无窗帘遮蔽的窗子，混凝土及光亮的天棚、潮湿建筑物的白色开棚，反射系数为 50%。

3)有窗子的混凝土墙壁、用光亮纸糊的墙壁、木天棚、一般混凝土地面，反射系数为 30%。

4)带有大量暗色灰尘建筑物内的混凝土、木天棚、墙壁、砖墙及其他有色的地面，反射系数为 10%。

(4)根据所选用灯具的型号和反射系数，从灯具利用系数表中查得光通利用系数 K_U。灯具利用系数表本书不再详细描述，请读者自己查询。

(5)根据表 8-2 和表 8-3 确定最小照度系数 Z 值和减光补偿系数 K 值。

(6)根据规定的平均照度,按式 8-3 计算每盏灯具所必需的光通量。

(7)根据计算的光通量选择光源功率。

(8)根据式 8-4 验算实际的最小照度是否满足。

二、单位容量法

单位容量法是在各种光通利用系数和光的损失等因素相对固定的条件下,得出的平均照度的简化计算方法,适用于设计方案或初步设计的近似计算和一般的照明计算。一般在知道房间的被照面积后,就可根据推荐的单位面积安装功率,来计算房间所需的总的电光源功率。

1. 计算公式

单位容量就是每平方米照明面积的安装功率,其公式是:

$$\sum P=\omega s \tag{8-7}$$

$$N=\sum P/P \tag{8-8}$$

式中:$\sum P$——总安装容量(功率),不包括镇流器的功率损耗(W);

P——每套灯具的安装容量(功率),不包括镇流器的功率损耗(W);

N——在规定照度下所需灯具数(套);

s——房间面积,一般指建筑面积(m^2);

ω——在某最低照度值时的单位面积安装容量(功率)(W/m^2)。

2. 计算步骤

(1)根据不同场所对照明设计的要求,首先选择照明光源和灯具。

(2)根据所要达到的照度要求,查相应灯具的单位面积安装容量表。

(3)将查询到的数值按式 8-7、8-8 来计算灯具的数量,确定布灯方案。

第四节　建筑内照明系统设计

一、照明设计概述

照明设计的基本原则是实用、经济、安全、美观。根据这一基本原则,电气照明设计应根据视觉要求、作业性质和环境条件,使工作和生活空间视觉功效良好、照度和显色性合理、亮度分布适宜以及视觉环境舒适。在确定照明方案时,应考虑不同类型建筑和场所对照明的不同要求,处理好人工照明与天然照明的关系,合理使用建设资金,尽量采用节能光源高效灯具等。

总之,照明设计目的是应人的视觉功能要求,提供舒适明快的环境和安全保障。设计要解决照度计算、导线截面的计算、各种灯具及材料的选型,并绘制平面布置图、大样图和系统图。

二、照明设计的内容

电气照明设计由两部分组成:照明供电设计和灯具设计。

照明供电设计包括:电源和供电方式的确定,照明配电网络形式的选择,电气设备的选择、导线和敷设方式的确定。

照明灯具设计包括:照明方式的选择,电光源的选择,照度标准的确定,照明器的选择及布置、照度的计算,电光源安装功率的确定。

三、照明设计的步骤

(1)了解建设单位的投资水平、豪华程度、照明标准等要求,明确设计方向。

(2)收集有关技术资料和技术标准。

(3)确定照度标准。

(4)确定电光源、照明方式、灯具种类、安装方式。

(5)进行照度计算,计算照明设备总容量。

(6)对于比较复杂的大型工程要进行方案比较、评价和确定。

(7)配电线路设计,分配三相负载。计算干线的截面、型号及敷设部位,选择变压器、配电箱、配电柜和各种高低压电器的规格容量。

(8)绘制照明平面图和系统图,标注型号规格及尺寸。必要时绘制大样图,注意配电箱留墙洞的尺寸要准确无误。

(9)绘制材料总表,按需要编制工程概算或预算。

(10)编写设计说明书,主要内容是进线方式、主要设备、材料的规格型号及作法等。

四、照度标准

1. 照度标准值分级

照度标准值应按下列数值来分级:

0.5lx、1lx、2lx、3lx、5lx、10lx、15lx、20lx、30lx、50lx、75lx、100lx、150lx、200lx、300lx、500lx、750lx、1000lx、1500lx、2000lx、3000lx、5000lx。

设计照度与照度标准值的偏差不应超过±10%。

2. 应急照明的照度标准值

(1)备用照明的照度值除另有规定外,不低于该场所一般照明照度值的10%。

(2)安全照明的照度值不低于该场所一般照明照度值的5%。

(3)疏散通道的疏散照明照度值不低于0.5lx。

3. 居住建筑照明标准值

住宅建筑照明标准值见表8-4。

表8-4　住宅建筑照明标准值

房间或场所		参考平面及其高度	照度标准值(lx)
起居室	一般活动	0.75m水平面	100
	书写、阅读		300*
卧室	一般活动	0.75m水平面	75
	床头、阅读		150*
餐厅		0.75m餐桌面	150
厨房	一般活动	0.75m水平面	100
	操作台	台面	150*
卫生间		0.75m水平面	100
电梯前厅		地面	75
走道、楼梯间		地面	50
车库		地面	30

注:*指混合照明照度。

其余各类型的建筑照明标准值参见附录1。

五、照明配电

1. 照明电压

一般照明光源的电源电压应采用220V;1500W及以上的高强度气体放电灯的电源电压宜采用380V。安装在水下的灯具应采用安全特低电压供电,其交流电压值不应大于12V,无纹波直流供电不应大于30V。

当移动式和手提式灯具采用Ⅲ类灯具时,应采用安全特低电压(SELV)供电,其电压限值应符合下列规定:

(1)在干燥场所交流供电不大于50V,无纹波直流供电不大于120V。

(2)在潮湿场所不大于25V,无波纹直流供电不大于60V。

照明灯具的端电压不宜大于其额定电压的105%,且宜符合下列规定:

(1)一般工作场所不宜低于其额定电压的95%,远离变电所的小面积一般工作场所难以满足时,可为90%。

(2)应急照明和用安全特低电压(SELV)供电的照明不宜低于其额定电压的90％。

2. 照明配电系统

(1)供照明用的配电变压器的设置应符合下列规定。

1)当电力设备无大功率冲击性负荷时,照明和电力宜共用变压器。

2)当电力设备有大功率冲击性负荷时,照明宜与冲击性负荷接自不同变压器;当需接自同一变压器时,照明应由专用馈电线供电。

3)当照明安装功率较大或谐波含量较大时,宜采用照明专用变压器。

(2)应急照明的供电应符合下列规定。

1)疏散照明的应急电源宜采用蓄电池(或干电池)装置,或蓄电池(或干电池)与供电系统中有效地独立于正常照明电源的专用馈电线路的组合,或采用蓄电池(或干电池)装置与自备发电机组组合的方式。

2)安全照明的应急电源应和该场所的供电线路分别接自不同变压器或不同馈电干线,必要时可采用蓄电池组供电。

3)备用照明的应急电源宜采用供电系统中有效地独立于正常照明电源的专用馈电线路或自备发电机组。

(3)三相配电干线的各相负荷宜平衡分配,最大相负荷不宜大于三相负荷平均值的115％,最小相负荷不宜小于三相负荷平均值的85％。

(4)正常照明单相分支回路的电流不宜大于16A,所接光源数或发光二极管灯具数不宜超过25个;当连接建筑装饰性组合灯具时,回路电流不宜大于25A,光源数不宜超过60个;连接高强度气体放电灯的单相分支回路的电流不宜大于25A。

(5)电源插座不宜和普通照明灯接在同一分支回路。

(6)在电压偏差较大的场所,宜设置稳压装置。

(7)使用电感镇流器的气体放电灯应在灯具内设置电容补偿,荧光灯功率因数不应低于0.9,高强气体放电灯功率因数不应低于0.85。

(8)在气体放电灯的频闪效应对视觉作业有影响的场所,应采用下列措施之一。

1)采用高频电子镇流器。

2)相邻灯具分接在不同相序。

(9)当采用Ⅰ类灯具时,灯具的外露可导电部分应可靠接地。

(10)当照明装置采用安全特低电压供电时,应采用安全隔离变压器,且二次侧不应接地。

(11)照明分支线路应采用铜芯绝缘电线,分支线截面不应小于1.5mm^2。

3. 照明控制

(1)公共建筑和工业建筑的走廊、楼梯间、门厅等公共场所的照明,宜按建筑使用条件和天然采光状况采取分区、分组控制措施。

(2)公共场所应采用集中控制,并按需要采取调光或降低照度的控制措施。

(3)旅馆的每间(套)客房应设置节能控制型总开关;楼梯间、走道的照明,除应急疏散照明外,宜采用自动调节照度等节能措施。

(4)住宅建筑共用部位的照明,应采用延时自动熄灭或自动降低照度等节能措施。当应急疏散照明采用节能自熄开关时,应采取消防时强制点亮的措施。

(5)除设置单个灯具的房间外,每个房间照明控制开关不宜少于 2 个。

(6)当房间或场所装设两列或多列灯具时,宜按下列方式分组控制。

1)生产场所宜按车间、工段或工序分组。

2)在有可能分隔的场所,宜按每个有可能分隔的场所分组。

3)电化教室、会议厅、多功能厅、报告厅等场所,宜按靠近或远离讲台分组。

4)除上述场所外,所控灯列可与侧窗平行。

(7)有条件的场所,宜采用下列控制方式。

1)可利用天然采光的场所,宜随天然光照度变化自动调节照度。

2)办公室的工作区域,公共建筑的楼梯间、走道等场所,可按使用需求自动开关灯或调光。

3)地下车库宜按使用需求自动调节照度。

4)门厅、大堂、电梯厅等场所,宜采用夜间定时降低照度的自动控制装置。

(8)大型公共建筑宜按使用需求采用适宜的自动(含智能控制)照明控制系统。其智能照明控制系统宜具备下列功能。

1)宜具备信息采集功能和多种控制方式,并可设置不同场景的控制模式。

2)当控制照明装置时,宜具备相适应的接口。

3)可实时显示和记录所控制照明系统的各种相关信息并可自动生成分析和统计报表。

4)宜具备良好的中文人机交互界面。

5)宜预留与其他系统的联动接口。

六、应急照明设计

应急照明按其功能可以分为两个类型:一是指示出口方向及位置的疏散标志灯;二是照亮疏散通道的疏散照明灯。应急照明每一回路不宜超过 15A,灯的数量不宜超过 20 个。

在需要设置疏散照明的建筑物内,应该按以下原则布置:在建筑物内,疏散走道上或公共厅堂内的任何位置的人员，都能看到疏散标志或疏散指示标志，一直到达出口。疏散应急照明灯宜设在墙面上或顶棚上。安全出口标志宜设在出口的顶部；疏散走道的指示标志宜设在疏散走道及其转角处距地面 1.00m 以下的墙面上。应急出口及疏散走道的应急照明灯都属于标志灯，在紧急情况下要求可靠、有效地辨认标志。应急照明安装位置和安装高度，如图 8-2。

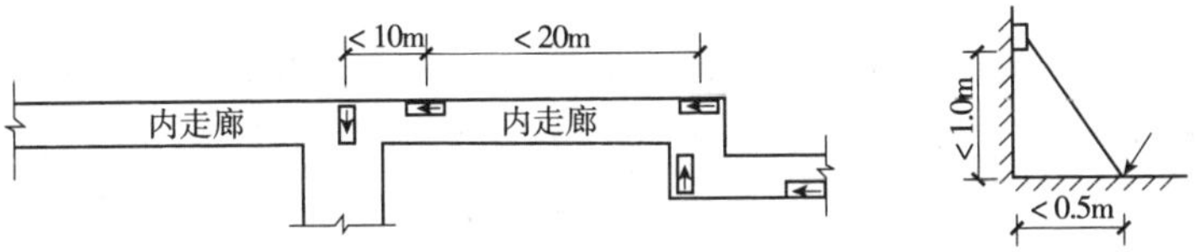

图 8-2　应急照明安装位置和高度

第五节　照明电气线路的施工安装

一、照明灯具的安装

安装照明灯具时，灯具及其配件应齐全，并应无机械损伤、变形、油漆剥落和灯罩破裂等缺陷。根据灯具的安装场所及用途，引向每个灯具的导线线芯最小截面应符合表 8-5 的规定。

表 8-5　导线线芯最小截面

灯具的安装场所及用途		线芯最小截面/mm^2		
		铜芯软线	铜线	铝线
灯头线	民用建筑室内	0.5	0.5	2.5
	工业建筑室内	0.5	1.0	2.5
	室外	1.0	1.0	2.5

目前应用最多的是 2.5mm^2 铜线。

灯具不得直接安装在可燃构件上；当灯具表面高温部位靠近可燃物时，应采取隔热、散热措施。在变电所内，高压、低压配电设备及母线的正上方，不应安装灯具。每套路灯应在相线上装设熔断器。由架空线引入路灯的导线，在灯具入口处应做防水弯。

36V 及以下照明变压器的安装应符合下列要求。

电源侧应有短路保护，其熔丝的额定电流不应大于变压器的额定电流。外壳、铁芯和低压侧的任意一端或中性点，均应接地或接零。

固定在移动结构上的灯具，其导线宜敷设在移动构架的内侧；在移动构架活动时，导线不应受拉力和磨损。

当灯具距离地面安装高度小于2.4m时，灯具的可接近裸露导体必须接地(PE)或接零(PEN)可靠，并应有专用的接地螺栓，且有标识。

二、照明开关的安装

同一建筑物、构筑物内，开关的通断位置应一致，操作灵活，接触可靠。同一室内安装的开关控制有序不错位，相线应经开关控制。开关的安装位置应便于操作，同一建筑物内开关边缘距门框(套)的距离宜为0.15～0.2m。同一室内相同规格相同标高的开关高度差不宜大于5mm，并列安装相同规格的开关高度差不宜大于1mm，并列安装不同规格的开关宜底边平齐；并列安装的拉线开关相邻间距不小于20mm。

暗装的开关面板应紧贴墙面或装饰面，四周应无缝隙，安装应牢固，表面应光滑整洁、无碎裂、划伤，装饰帽(板)齐全；接线盒应安装到位，接线盒内干净整洁，无锈蚀。安装在装饰面上的开关，其电线不得裸露在装饰层内。

第九章　高层建筑供配电和防火设计

第一节　高层建筑供配电的特点和设计

一、高层建筑的定义与负荷等级

关于高层建筑的看法，众说纷纭。美国将高层建筑的起始高度定位22～25m或7层以上，日本规定为11层或31m以上，德国规定为从室内地面起22层，法国规定住宅为50m以上，其他建筑为28m以上。在我国，关于高层建筑的界限规定也未统一。

建筑高度为建筑物室外地面到檐口或屋面面层的高度，屋顶上的附属建筑不计入建筑高度和层数内，住宅建筑的地下室、半地下室和顶板高出室外地面不超过1.5m者也不计入层数内。建筑行业标准《高层建筑混凝土结构技术规程》JGJ 3—2010规定，8层及其以上的钢筋混凝土民用建筑属于高层建筑。《民用建筑电气设计规范》JGJ 16—2008中规定，10层及其以上的住宅建筑和建筑高度超过24m的公共建筑为高层建筑。

根据《民用建筑电气设计规范》JGJ 16—2008中对民用建筑中常用的重要负荷进行划分，高层建筑电力负荷的级别应符合表9-1的规定。一、二类高层建筑应见表9-2。

表9-1　民用建筑中各类建筑物的主要用电负荷分级

建筑物名称	用电负荷名称	负荷级别
一类高层建筑	走道照明、值班照明、警卫照明、障碍照明用电，主要业务和计算机系统用电，安防系统用电，电子信息设备机房用电，客梯用电，排污泵、生活水泵用电	一级
二类高层建筑	主要通道及楼梯间照明用电，客梯用电，排污泵、生活水泵用电	二级

表 9-2　建筑分类

名称	一类	二类
居住建筑	19 层及 19 层以上的住宅	10 层～18 层的住宅
公共建筑	1. 医院 2. 高级旅馆 3. 建筑高度超过 50m 或24m 以上部分的任一楼层的建筑面积超过 $1000m^2$ 的商业楼、展览楼、综合楼、电信楼、财贸金融楼 4. 建筑高度超过 50m 或24m 以上部分的任一楼层的建筑面积超过 $1500m^2$ 的商住楼 5. 中央级和省级(含计划单列市)广播电视楼 6. 网局级和省级(含计划单列市)电力调度楼 7. 省级(含计划单列市)邮政楼、防灾指挥调度楼 8. 藏书超过 100 万册的图书馆、书库 9. 重要的办公楼、科研楼、档案楼 10. 建筑高度超过 50m 的教学楼和普通的旅馆、办公楼、科研楼、档案楼等	1. 除一类建筑以外的商业楼、展览楼、综合楼、电信楼、财贸金融楼、商住楼、图书馆、书库 2. 省级以下的邮政楼、防灾指挥调度楼、广播电视楼、电力调度楼 3. 建筑高度不超过 50m 的教学楼和普通的旅馆、办公楼、科研楼、档案楼等

一类高层建筑的消防控制室、消防水泵、消防电梯、防烟排烟设施、火灾自动报警、自动灭火系统、应急照明、疏散指示标志和电动的防火门、窗、卷帘门、阀门等消防用电，应按一级负荷要求供电；对二类高层建筑，上述负荷则按二级负荷要求供电。

当主体建筑中有大量的一级负荷时，其附属的锅炉房、冷冻站、空调机房的电力与照明应为二级负荷。

二、高层建筑电气设备的特点

相对于一般的单层建筑，高层建筑必须具备比较完善的、具有各种功能要求的设施，比如通信网络系统、空调系统、给排水系统、消防系统、设备自动化管理系统和安防系统等，使其具有良好的硬件服务环境，因此，高层建筑中用电设备的种类和数量较多。尤其是空调的负荷很大，一般占到总用电负荷的一半。一般高级宾馆和酒店、高层商住楼、高层办公楼、高层综合楼等高层建筑的负荷密度都在 $60W/m^2$ 以上，有的甚至高达 $150W/m^2$。即便是高层住宅或公寓，负荷密度也有 25～$60W/m^2$。高层建筑对供电可靠性的要求较高。一般要求一级负荷必须有两个电源供电，当一个电源发生故障时，另一个电源应不致同时受到损坏；对一级负荷中特别重要的负荷除上述两个电源外，还必须增设应急电源，另外，一类高层建筑中的自备发电设备应设有自动启动装置，能在 30s 内切换供电。由于高层建筑的功能复杂，用电设备种类多，供电负荷既多又大，对供电可靠性的要求也高，这就使得高层建筑的电气系统较为复杂。不但电气子系统较多，而且各个电气子系统的复杂程度也高。电气系统复杂且多，电气线路多，电气用房也多，电话配线间、音控室、消防控制中心、安防监控中心等都要占用一定的房间。另外，为了解决种类繁多的电气线路在竖直方向与水平方向上的敷设及分配，必须设置电气竖井和各层的电气分配小间。对电气复杂系统、强电与弱电小间要分开设置。若系统不大，可共用电气竖井时，线路也要分别设置在两面相对的墙上，以防止电磁干扰。为了防火，变电所中采用的变压器不允许用油浸式电力变压器而要用干式变压器。开关等设备要采用六氟化硫断路器或真空断路器。配电线路应采用难燃导线及穿难燃管保护；对明敷设的钢管、金属线槽，应涂防火涂料。另外，为了降低能耗，减少设备的维修与更新费用，延长设备使用寿命，提高管理水平，一般要求对高层建筑中的设备进行自动化管理。主要是对这类设备的运行状况、安全展开、能源使用情况进行自动监测、控制与管理，以实现对设备的最优控制和最佳管理。随着计算机与通信网络技术的应用，高层建筑沿着自动化、信息化和智能化方向发展。

三、动力配电工程设计的内容

动力配电工程考虑建筑物内各种动力设备（锅炉、泵、风机、制冷机等）的平面布置、安装、接线、调试。

动力配电工程的主要内容如下。

（1）电力设备（电动机）的型号、规格、数量、安装位置、安装标高、接线方式。

（2）配电线路的敷设方式、敷设路径、导线规格、导线根数、穿管类型及管径。

（3）电力配电箱的型号、规格、安装位置、安装标高，电力配电箱的电气系统和接线。

（4）电气控制设备（箱、柜）的型号、规格、安装位置及标高，电气控制原理，电气接线。

第二节　高层建筑供配电的网络结构

一、电源

高层建筑通常从市电中获取工作电源，电压一般为10kV。当一级负荷容量较大或有高压设备时，多数采用两路10kV高压电源进线。一级负荷中含有特别重要负荷时，除了要采用两路10kV高压电源外，还应自备应急电源。应急电源与工作电源间，必须采取可靠措施防止并列运行。《民用建筑电气设计规范》JGJ 16—2008 规定，为保证一级负荷中特别重要负荷的供电，应设置应急柴油发电机组。对一级负荷难以从市电中获取第二电源时，也应设置柴油发电机组作为应急电源。

根据允许中断供电时间的不同，应急电源的选择也不同。

(1)允许的中断供电时间为毫秒级的供电场所，选择静态交流不间断电源装置(UPS)，如计算机的工作电源。

(2)带有自动投入装置的蓄电池，如应急照明用蓄电池。

(3)允许的中断供电时间为 15s 以上的供电场所，选择能快速自启动柴油发电机组。

应确保的供电范围应包括消防设施用电、安防设施用电、中央控制室用电、重要场所的电力与照明用电等。当机组容量足够时，可考虑下列负荷列入应急电源的供电范围：生活水泵 1 台、客梯 1 台、污水处理泵、楼梯和照明用电的 50%。

二、高层建筑内的低压配电

我国高层建筑大部分设置 10kV 变电所，其主接线大多采用低压母线单母线分段供电的形式。可分段运行，互为备用，自动切换。变压器宜设置两台及其以上，这样有利于调节季节性负荷，实现节能目标。

图 9-1　放射式配电示意图

高层建筑内低压配电系统，一般性负荷多数采用分区树干式配电。每个回路干线对 1 个供电区域配电，供电的可靠性较高。每个回路干线配电一般为 5～6层。对一般高层住宅，可适当增加分区层数，但最多不超过 10 层。

图 9-2(a)，适用于层数较高，变电所分层布置的情况。当某区变电所失电时，可合上联络开关，维持各个楼层配电箱(盘)的供电。这种接线的开关、导线或电缆的额定电流应不小于两个回路的负荷电流之和。图 9-2(b)(c)的接线方案，可对出线开关或线路起到备用作用，但当变电所失电时，仍将失去电力供应。

树干式母线配电系统多用于层数多、负荷大的高层宾馆，办公大楼及商业性楼宇。常采用插接式母线槽，分支成通过“T”接插件与母线槽连接。其特点是维修方便，易发现故障点，可大大减小配电屏的出线回路。缺点是出线总开关故障时影响范围大。对于住宅大厦，由于负荷相对较小，树干式母线系统导线可采用单芯电缆组成的回路向楼层配电箱(盘)供电。楼层多时采用两回路。楼层少时采用单回路。

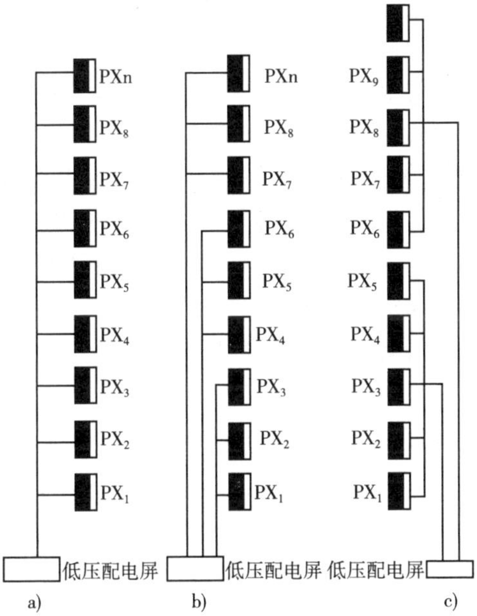

图 9-2　树干式配电示意图

第三节　高层民用建筑室内低压配电线路的敷设

高层建筑动力配电分为高压配电和低压配电。大多数设备采用低压配电。高层建筑动力配电负荷主要有空调、水泵、电梯、风机、消防等。高压配电用于特大型用电设备，应用场所较少。

一、电气竖井和低压配电箱典型接线

1. 电气竖井

高层建筑的低压配电干线以垂直敷设为主。高层建筑层数多，低压供电距离长，供电负荷大。为了减少线路电压损失及电能损耗，干线截面都比较大，敷设在专用的电缆竖井内，一般的电气竖井均兼楼层配电小间。层间配电箱经插接进线开关从母线上取得电源。强电与弱电的电气竖井应分别设置，如条件不允许，也可将强电与弱电分别设立在电气竖井两侧。

电气竖井的平面位置应靠近楼层负荷中心，并考虑进出线方便，还应远离有火灾危险和高温、潮湿的场所，尽量利用建筑平面中的暗房间。大型电气竖井的截面积为 4～5m²，普通住宅楼电气竖井的截面积约为 1500mm×1200mm，有时小型竖井仅为 900mm×500mm，但具体尺寸应根据需要来确定。

电气竖井的个数与楼层的面积大小有关，一般按每 600m² 设 1 个竖井。配电小间的层高与大厦的层高应一致，但地坪应高于小间外地坪 3～5cm。变电所一般应尽可能地靠近电气竖井，以减少低压线路的迂回长度。这样做不但敷设方便，而且可以节约线路的投资。

由变电所低压配电室至强电竖井的线路可采用电缆沟、电缆隧道、电缆托架、电缆托盘管方式敷设。从电缆竖井至各层的用户配电箱或用电设备，常采用绝缘导线穿金属保护管埋入混凝土地坪或墙内的敷设方式，也可采用穿阻燃管暗敷方式。为管理方便及维修安全，条件允许时，强电与弱电管线宜分别敷设在不同的电气竖井内。电气竖井应与其他管道、电缆井、垃圾井道、排烟通道等竖向井道分开单独设置，同时应避免与房间、吊顶、壁柜等互相连通。

2. 楼层低压配电箱的典型接线

配电箱(盘)装于电气竖井内，一般与电缆分装在电缆井内的不同面，电缆排列于侧面，楼层配电盘排列于正面。线路太多或井道太小时，也可把楼层配电盘与电缆排在同一面。

当 1 根电缆供应几个楼层配电箱(盘)时，可在分线位置设分线箱。分线箱(亦称接线箱)内装有 4 组分接线卡夹，可以夹住电缆，并从卡夹上引出分线。根据需要，分路上可装有分路控制保护用的空气开关，这样分线箱就相当于一个动力配电箱。如果供电线路进入各独立用户点，应设置分户配电箱。分户配电箱多采用自动开关、断路器等组装的组合配电箱，以放射和树干混合方式供电，以减少重要回路间的故障影响，尽量缩小事故范围。对一般照明及小容量插座采用树干式接线，分户配电箱中每一分路开关可带几盏灯或几个小容量插座；而对电热水器、窗式空调器等大用电量的家电设备，则采用放射式供电；对空调、水泵、消防设备等大型、高可靠性要求的设备采用独立自动开关，放射式电缆供电。

二、常用低压配电基本方案

高层建筑低压配电方式一般将动力与照明划分为两个配电系统，消防、报警、监控等自成体系，以提高可靠性。常用的基本方案如下。

对高层建筑中有单独控制要求、容量较大的负荷，宜采用专用变压器的低压母线以放射式配线直接供电。对于在各层中大面积均匀分布的照明和风机盘管负荷，多由专用照明变压器的低压母线以放射式引出若干条干线沿大楼的高度向上延伸形成“树干”。照明干线可按分区向所辖楼层配出水平支干线或支线，一般每条干线可辖 4～6 层。风机盘管干线可在各楼层配出水平支线，以形成“干竖支平”形配电网络。应急照明干线应独立设置，与正常照明干线平行引上，也按“干竖支平”配出，但其电源端在紧急情况下可经自动切换开关与备用电源或备用发电机组连接。

空调动力、厨房动力、电动卷帘门等一般动力由专用动力变压器供电，由低压母线按不同种类负荷以放射式引出若干条干线竖直向上，用分线箱向各用电分区水平引出支线，形成“干竖支平”形配电网络。消防泵、消防电梯等消防动力负荷及通信中心、大型电脑房、手术室等不允许断电的部分采用放射式供电。一般从变电所不同母线段上直接各引出一路馈电线到设备，一备一用，末端自投。电源配置双电源，经切换开关自动投入备用电源或备用发电机。

对大容量配电干线，要求能承受很大的短路电流并具有抗震性，电压降较小，绝缘可靠，便于连接和敷设，价格低廉，拆换容易，搬运方便。

三、低压配电干线的敷设方法

目前，高层建筑中所用的低压配电干线有铝(铜)芯塑料绝缘电缆、封闭式母线(插接式母线槽)、穿管绝缘导线等。采用铝(铜)芯塑料绝缘电缆沿竖井明敷是配电干线的敷设方式之一。采用电缆时，不宜穿管敷设，因电缆在管内既不便固定，也不便检查。为增强垂直拉力，可采用钢丝铠装电缆，每隔一定高度进行换位以利固定。国产各种形式的电缆桥架可用于此项敷设。

绝缘导线穿管主要用于事故照明干线。为了在火灾情况下仍能可靠供电，一般采用穿钢管暗配在非燃烧结构内。重要的备用干线，如备用发电机与各变电所之间的联络，可选用防火电缆，以提高可靠性。

四、低压配电支干线和支线的敷设方法

由低压干线引出的支干线或支线是用于对低压配电箱或低压负荷直接供电的，它们仍可使用封闭式母线和电缆桥架在各层的中间走廊的吊顶内以树干式或放射式暗敷，也可用导线穿管暗敷。室内支线采用绝缘导线穿管，在吊顶、墙壁和地坪内暗敷。在负荷位置未定或负荷位置可能变动的房间，可采用金属板线槽沿墙角线或在地毯下敷设。

1. 低压配电线路的敷设方式

低压电缆由低压配电室引出后，一般沿电缆隧道、电缆沟或电缆托架、托盘进入电缆竖井，然后沿支架垂直上升。电缆干线应尽量采用单芯电缆，以便于 T 接支线方便。单芯电缆 T 接采用专门的 T 接接头。T 接接头由两个近似半圆的铸铜 U 形卡构成，两个 U 形卡卡住芯线，用螺钉夹固，其中一个口形卡带有固

定接线端头的螺孔及螺钉。

电缆在电缆竖井内的垂直敷设，一般采用 U 形卡固定在井道内的角钢支架上。支架每隔 1m 左右设 1 根，角钢支架的长度应根据电缆根数的多少而定。为了减少单芯电缆在角钢支架上的感应涡流，可在角钢支架上垫一块木块，以使芯线离开角钢支架。此外，也可以在角钢支架上固定两块绝缘夹板，把单芯电缆用绝缘夹板固定。电缆在楼层的水平敷设一般采用金属线槽或电缆桥架在楼层吊顶内敷设方式。

2. 穿管敷设和线槽敷设

导线穿管敷设主要用于大厦的水平线路。一般用于距离不远，管线截面较小的场合。对有防火要求的一级负荷线路也可穿管敷设。消防用电设备的配电线路应采取穿金属管保护方式，暗敷时应敷设在非燃烧体结构内，其保护厚度不小于 3cm，明敷时必须在金属管上采取保护措施。

水平敷设的线路，如果距离较长、管线截面比较大，均宜采用线槽在吊顶内敷设的方式。线槽及配件已经标准化，有各种规格转弯线槽、丁接线槽等。利用线槽施工非常方便，线槽可在楼板下吊装。

另外，在建筑物的吊顶内，为了防火的要求，导线出线槽时要穿金属管或金属软管，不得有外露部分；当同一方向布线的数量较多时，宜在设备层或专用电缆夹层内敷设。

敷设于潮湿场所或者地下的金属管，应采用焊接钢管。敷设于干燥场所及大厦各层楼板内的金属管可采用电线管。

第十章　建筑智能化系统

建筑智能化系统，过去通常称为弱电系统。利用现代通信技术、信息技术、计算机网络技术、监控技术、控制技术与建筑艺术有机结合，通过对建筑和建筑设备的自动检测与优化控制、信息资源的优化管理和对使用者的信息服务及其与建筑的优化结合，实现对建筑物的智能控制与管理，以满足用户对建筑物的监控、管理和信息共享的需求。使智能建筑具有安全、舒适、高效和环保的特点，达到投资合理、适应信息社会需要的目标，向人们提供一个安全、高效、舒适、便利的综合服务环境。建筑智能化系统是建筑电气的一个重要组成部分，也是智能建筑最重要的部分。

第一节　智能建筑概述

一、智能建筑的组成及功能

1. 智能建筑发展简介

1984 年，美国联合技术公司(United Technology Corp，简称 UTC)首先提出智能建筑(Intelligent Building，简称 IB)一词。随后在世界各地掀起了智能建筑热潮。许多人认为，智能建筑发展情况是国家经济发达程度的一个重要标志。

20 世纪 90 年代初，智能建筑的概念开始在我国传播并迅速升温。目前，我国的智能建筑总数已经上千幢，发展速度名列世界前茅。其中一些智能建筑的技术处在世界前列，甚至引导世界智能建筑主流技术的发展。

2. 智能建筑的定义

目前，国际上尚无统一的定义，下面介绍几个影响力相对较大的定义。

(1)美国智能建筑学会：智能建筑是通过对建筑物的四个基本要素，即结构、系统、服务和管理，以及它们之间的内在联系进行最优化设计，从而提供一个投资合理的，具有高效、舒适、便利环境的建筑空间。

(2)日本智能大楼研究会：智能大楼是指具备信息通信、办公自动化信息服务，以及楼宇自动化各项功能的、便于进行智力活动需要的建筑物。

(3)欧洲智能建筑集团：智能化建筑为使其用户发挥最高效率，同时又以最低的保养成本，最有效地管理其本身资源的建筑。

(4)新加坡：智能建筑必须具备三个条件：一是具有保安、消防与环境控制等先进的自动化控制系统，以及自动调节大厦内的温度、湿度、灯光等参数的各种设施，以创造舒适安全的环境；二是具有良好的通信网络设施，使数据能在大厦内流通；三是能够提供足够的对外通信设施与能力。

(5)在我国的《智能建筑设计标准》GB/T 50314—2006 中，对智能建筑给出了如下的定义：智能建筑是以建筑物为平台，兼备信息设施系统、信息化应用系统、建筑设备管理系统、公共安全系统等，集结构、系统、服务、管理及其优化组合为一体，向人们提供安全、高效、便捷、节能、环保、健康的建筑环境。

3. 智能建筑的功能

从用户服务功能角度看，有三大方面的服务功能。

(1)安全服务功能。

防盗报警、出入口控制、闭路电视监视、保安巡更管理、电梯安全与运控、周界防卫、火灾报警及消防联动灭火系统、应急照明、应急呼叫。

(2)舒适服务功能。

空调通风、供热、给水排水、电力供应、闭路电视、多媒体音响、智能卡、停车场管理、体育娱乐管理。

(3)便捷服务功能。

办公自动化、通信自动化、计算机网络、结构化综合布线、商业服务、饮食业服务、酒店管理。

4. 智能建筑的特点

相对于传统建筑，智能建筑具有以下几个方面的特点。

(1)系统集成。

智能建筑与传统建筑最大的区别就是智能建筑是建筑智能化系统的子系统的集成。智能建筑安全、舒适、便利、节能、节省人工费用的特点，必须依赖集成化的建筑智能化系统才能得以实现。

(2)节省运行维护的人工费用。

根据日本的统计，大厦的管理费、水电费、煤气费、机械设备及升降梯的维护费，占整个大厦营运费用支出的 60%左右，且其费用还将以每年 4%的速度增加。依赖智能化系统的正常运行，发挥其作用来降低机电设备的维护成本，同时由于系统的高度集成，系统的操作和管理也高度集中，人员安排更合理，使得人工成本降到最低。

(3)安全、舒适和便捷的环境。

(4)节能。以现代化的商厦为例，其空调与照明系统的能耗很大，约占总耗能的一半。利用智能化系统的最新技术，可最大限度地减少能源消耗。经济性也是该类建筑得以迅速推广的重要原因。

5. 智能建筑的组成

楼宇自动化（Building Automation，BA）、通信自动化（Communication Automation，CA）、办公自动化（Office Automation，OA）、系统集成（System Integration，SI）和综合布线（Structure Cabling System，SCS）连接成一个完整的智能化系统，由智能建筑综合管理系统（Intelligent Building Management System，IBMS）统一监管。

二、楼宇自动化系统

狭义的楼宇自动化系统的监控范围主要包括电力、照明、暖通空调、给水排水、电梯、车库管理等设备。广义的楼宇自动化系统的监控范围在狭义的基础上，增加了消防与安防设备的监控，即建筑设备管理系统。

1. 建筑设备自动化系统

建筑设备自动化系统能够对建筑物内的各种建筑设备实现运行状态监视、起停、运行控制，并提供设备运行管理，包括维护保养及事故诊断分析、调度及费用管理等。也可以在不降低舒适性的前提下达到节能、降低运行费用的目的。包括空调、供配电、照明、给排水等设备。建筑设备自动化系统对于电力系统、照明系统、暖通空调与冷热源系统、给排水和电梯系统的节能和可靠运行有着重要意义。

2. 消防自动化系统

详细内容在第 2 节。

3. 安防自动化系统

安防系统也叫综合保安自动化系统，是建筑智能化系统中的一个必不可少的子系统。按作用范围分为外部入侵保护、区域保护和特定目标保护。外部入侵保护主要是防止非法进入建筑物。区域保护是对建筑物内、外部某些重要区域进行保护。特定目标保护指对一些特殊对象、特定区域进行监控保护。安防系统主要是由防盗报警系统、闭路电视系统、巡更系统、访问对讲、出入口控制、停车场管理系统等组成。

目前，随着信息技术及其他科学技术的迅速发展，安防系统越来越先进，功能也越来越强。

三、通信自动化系统

智能建筑通信自动化是保证楼内的语音、数据、图像传输的基础，它同时与外部通信网相连，与世界各地互通信息，提供建筑物内外的有效信息服务。

智能建筑中的通信网络系统包括通信系统和计算机网络系统两大部分。智能建筑中的通信系统目前由两大基本系统组成：用户程控交换系统和有线电视网。前者是由电信系统发展而来的，后者是由广电系统发展而来的。智能建筑中的计算机网络系统即智能建筑中的计算机局域网及其互联网、用户接入网。

目前，智能建筑通信自动化系统包括电话通信系统、电缆电视系统、视频会议系统、广播电视卫星系统、同声传译系统、公共/应急广播系统计算机局域网系统和用户接入网系统等子系统。

四、办公自动化系统

目前办公自动化的发展到现在已经是第三代，以知识管理为核心的新一代办公自动化系统。通用办公自动化系统具有以下功能：建筑物的物业管理营运信息、电子账务、电子邮件、信息发布、信息检索、导引、电子会议以及文字处理、文档等的管理。专用办公自动化系统除具有上述功能外，还应按其特定的业务需求，建立专用办公自动化系统。如证券交易系统、银行业务系统、商场 POS 系统。ERP 制造企业资源管理系统、政府公文流转系统等。

办公自动化系统的硬件包括：办公设备、网络设备、交换机、路由器等。

办公自动化系统的软件是指能够管理和控制办公自动化系统，实现系统功能的计算机程序。办公自动化系统的软件体系有其层次结构，一般说来，可分为三层：系统软件、支撑软件和应用软件。系统软件是为管理计算机而提供的软件，主要是操作系统，如 Linux、Unix 和 Windows 等。支撑软件是指那些通用的、用于开发办公自动化系统应用软件的工具软件。应用软件是指持具体办公活动的应用程序，一般是根据具体用户的需求而研制的，它面向不同用户，处理不同业务。

五、综合布线

目前所说的建筑物与建筑群综合布线系统，简称综合布线系统。它是指一幢建筑物内（或综合性建筑物）或建筑群体中的信息传输媒质系统。它将相同或相似的缆线（如对绞线、同轴电缆或光缆）、连接硬件组合在一套标准的且通用的、按一定秩序和内部关系而集成为整体。综合布线系统的特点如下。

（1）综合性、兼容性好。传统的专业布线方式需要使用不同的电缆、电线、接续设备和其他器材，技术性能差别极大，难以互相通用，彼此不能兼容。综合布线系统具有综合所有系统和互相兼容的特点，采用光缆或高质量的布线部件和连接硬件，能满足不同生产厂家终端设备传输信号的需要。

（2）灵活性、适应性强。传统的专业布线系统，在施工中有可能发生传送信号中断或质量下降，增加工程投资和施工时间，灵活性和适应性差的现象。在综合布线系统中任何信息点都能连接不同类型的终端设备，当设备数量和位置发生变化时，只需采用简单的插接工序，实用方便，其灵活性和适应性都强，且节省工程投资。

(3)便于未来的扩建和维护管理。综合布线系统的网络结构一般采用星形结构，积木式的标准件和模块化设计，部件容易更换，便于排除障碍，且采用集中管理方式，有利于分析、检查、测试和维修，节约维护费用和提高工作效率。

(4)技术经济合理。在维护管理中减少维修工作，节省管理费用，虽然初次投资较多，但从总体上看是符合技术先进、经济合理的要求。

综合布线系统的范围一般有两种，单幢建筑和建筑群体。单幢建筑中的综合布线系统范围，一般指在整幢建筑内部敷设的管槽系统、电缆竖井、专用房间(如设备间等)和通信缆线及连接硬件等。建筑群体因建筑幢数不一、规模不同，有时可能扩大成为街坊式的范围(如高等学校校园式)，其范围难以统一划分。

由于现代化的智能建筑和建筑群体的不断涌现，综合布线系统的适用场合和服务对象逐渐增多，目前主要有以下几类：

(1)商业贸易类型：如商务贸易中心、金融机构(如银行和保险公司等)、高级宾馆饭店、股票证券市场和高级商城大厦等高层建筑。

(2)综合办公类型：如政府机关、群众团体、公司总部等办公大厦，办公、贸易和商业兼有的综合业务楼和租赁大厦等。

(3)交通运输类型：如航空港、火车站、长途汽车客运枢纽站、江海港区(包括客货运站)、城市公共交通指挥中心、出租车调度中心、邮政枢纽楼、电信枢纽楼等公共服务建筑。

(4)新闻机构类型：如广播电台、电视台、新闻通讯社、书刊出版社及报社业务楼等。

(5)其他重要建筑类型：如医院、急救中心、气象中心、科研机构、高等院校和工业企业的高科技业务楼等。

总之，综合布线系统具有广泛使用的前景，为智能化建筑中实现传送各种信息创造有利条件，以适应信息化社会的发展需要，这已成为时代发展的必然趋势。综合布线系统工程的施工与检测见本章第4节。

第二节　火灾自动报警系统

火灾自动报警系统是为了预防和减少火灾危害，保护人身和财产安全而设置的。

一、火灾自动报警系统的组成和原理

火灾自动报警系统由触发器件、火灾报警装置、火灾警报装置以及具有其他辅助功能的装置组成。它能够在火灾初期,将燃烧产生的烟雾、热量和光辐射等物理量,通过感温、感烟和感光等火灾探测器变成电信号,传输到火灾报警控制器,并同时显示出火灾发生的部位,记录火灾发生的时间。一般火灾自动报警系统和自动喷水灭火系统、室内消火栓系统、防排烟系统、通风系统、空调系统、防火门、防火卷帘、挡烟垂壁等相关设备联动,自动或手动发出指令,启动相应的装置。

1. 触发器件

触发器件是在火灾自动报警系统中,能够自动或手动产生火灾报警信号的器件。主要包括火灾探测器和手动火灾报警按钮。火灾探测器能对火灾参数如烟、温度、火焰辐射、气体浓度等响应,并自动产生火灾报警信号。火灾探测器可以按照响应火灾参数的不同,分成感温火灾探测器、感烟火灾探测器、感光火灾探测器、可燃气体探测器和复合火灾探测器五种基本类型,也适用于不同类型的场所。手动火灾报警按钮可以手动产生报警信号,启动相关器件,是必不可少的组成部分之一。

2. 火灾报警装置

火灾报警装置是可以接收、显示和传递火灾报警信号,并能发出控制信号和具有其他辅助功能的控制指示设备。火灾报警控制器就是其中最基本的一种,其功能是为火灾探测器提供稳定的工作电源,监视探测器及系统自身的工作状态;接收、转换、处理火灾探测器输出的报警信号;进行声光报警;指示报警的具体部位及时间;同时执行相应辅助控制等。火灾报警控制器是火灾报警系统中的核心组成部分。

3. 火灾警报装置

火灾警报装置即发出区别环境声、光的火灾警报装置。

4. 消防控制设备

在火灾自动报警系统中,当接收到火灾报警后,能自动或手动启动相关消防设备并显示其状态的设备,称为消防控制设备。主要包括火灾报警控制器,自动灭火系统的控制装置,室内消火栓系统的控制装置,防烟排烟系统及空调通风系统的控制装置,常开防火门,防火卷帘的控制装置,电梯回降控制装置,以及火灾应急广播、火灾警报装置、消防通信设备、火灾应急照明与疏散指示标志的控制装置等控制装置中的部分或全部。消防控制设备一般设置在消防控制中心,以便于实行集中统一控制。也有的消防控制设备设置在被控消防设备所在现场，但其动作信号则必须返回消防控制室，实行集中与分散相结合的控制方式。

5. 电源

火灾自动报警系统属于消防用电设备，其主电源应当采用消防电源，备用电采用蓄电池。系统电源除为火灾报警控制器供电外，还为与系统相关的消防控制设备等供电。

二、火灾自动报警系统的基本形式

1. 基本形式

根据现行国家标准《火灾自动报警系统设计规范》GB 50116—2013 规定，火灾自动报警系统有区域报警系统、集中报警系统和控制中心报警系统三种基本形式。

(1)区域报警系统是由区域火灾报警控制器和火灾探测器等组成，或为由火灾的控制器和火灾探测器等组成的功能简单的火灾自动报警系统。适用于较小范围的保护。

(2)集中报警系统是由集中火灾报警控制器、区域火灾报警控制器和火灾探测器等组成，或为由火灾报警控制器、区域显示器和火灾探测器等组成的功能较复杂的火灾自动报警系统。适用于较大范围内多个区域的保护。

(3)控制中心报警系统是由消防控制室的消防控制设备、集中火灾报警控制器、区域火灾报警控制器和火灾探测器等组成，或为由消防控制室的消防控制设备、火灾报警控制器、区域显示器和火灾探测器等组成的功能复杂的火灾自动报警系统。系统的容量较大，消防设施控制功能较全，适用于大型建筑的保护。

2. 报警区域与探测区域

火灾自动报警系统的保护对象形式多样、功能各异、规模不等。为了便于早期探测、早期报警，方便日常的维护管理，在安装的火灾自动报警系统中，人们一般都将其保护空间划分为若干个报警区域。每个报警区域又划分了若干个探测区域。这样可以在火灾时，能够迅速、准确地确定着火部位，便于有关人员采取有效措施。

报警区域就是人们在设计中将火灾自动报警系统的警戒范围按防火分区或楼层划分的部分空间，是设置区域火灾报警控制器的基本单元。一个报警区域可以由一个防火分区或同楼层相邻几个防火分区组成，但是同一个防火分区不能在两个不同的报警区域内；同一报警区域也不能保护不同楼层的几个不同的防火分区。

探测区域就是将报警区域按照探测火灾的部位划分的单元，是火灾探测器部位编号的基本单元。一般一个探测区域对应系统中具有一个独立的部位编号。

第三节 安防系统

安防系统是建筑智能化系统中的一个必不可少的子系统。按作用范围分为外部入侵保护、区域保护和特定目标保护。外部入侵保护主要是防止非法进入建筑物。区域保护是对建筑物内、外部某些重要区域进行保护。特定目标保护指对一些特殊对象、特定区域进行监控保护。安防系统主要是由防盗报警系统、闭路电视系统、巡更系统、访问对讲、出入口控制、停车场管理系统等组成。

目前，随着信息技术及其他科学技术的迅速发展，安防系统越来越先进，功能也越来越强。

一、防盗入侵报警系统

防盗报警系统主要由探测器、区域控制器和报警控制中心的计算机三个部分组成。报警系统的探测器在探测到有非法入侵时，具有报警及复核功能。入侵报警系统的探测器的工作方式分为接触式和非接触式两大类。报警器选择与布防规划时要注意以下两点：

(1)选择防盗报警器应按防护场所分类。

(2)大型建筑采用周界布防；面积较小的门墙可用磁控开关，大型玻璃门窗使用玻璃破碎报警器。

二、闭路电视监控系统

闭路电视监控系统是在建筑物内外需要进行安全监控的场所、通道或其他重要的区域设置前端摄像机，通过对被监控区域或场所的场景图像实时传送，实现对这些区域场所的视频监控。闭路电视监控系统一般由视频摄像机、控制矩阵、长延时录像机或硬盘录像机、监视器、云台、解码器和操作键盘等组成。

三、出入口控制系统和电子巡更系统

出入口控制系统也称为门禁系统，它对正常的出入通道进行管理，对进出人员进行识别和选择，可以和闭路电视监控系统、火灾报警系统、保安巡逻系统组合成综合安全管理系统，是智能建筑中必不可少的组成部分。

电子巡更系统也是安全防范系统的一个子系统。在智能化建筑的主要通

道和重要区域设置巡更点，保安人员按规定的巡逻路线在规定时间到达巡更点进行巡查，在规定的巡逻路线、指定的时间和地点与安防控制中心交换信息。一旦在一定的路段发生了异常情况及突发事件，巡更系统能够及时反应并发出报警。

四、停车场管理系统和对讲系统

一般车位超过50个时，需设停车场管理系统。其主要功能是泊车与管理。对车辆进出与泊车的控制可达到安全、有序、迅速停车及驶离的目的。在停车场内，有车位引导设施，使进入的车辆尽快找到合适的停泊车位，保证停车全过程的安全。还要解决停车场出口的控制，使被允许驶出的车辆能方便迅速地驶离。

对讲系统由主机、若干分机、电控锁和电源箱组成。一般在建筑物的主要出入口安装对讲控制门机装置，并配有各住宅房号数码按键。

第四节　综合布线系统施工

一、综合布线系统线缆敷设与设备安装

1. 线缆的敷设尚应符合的规定：

(1)线缆布放应自然平直，不应受外力挤压和损伤。

(2)线缆布放宜留不小于0.15mm余量。

(3)从配线架引向工作区各信息端口4对对绞电缆的长度不应大于90m。

(4)线缆敷设拉力及其他保护措施应符合产品厂家的施工要求。

(5)线缆弯曲半径宜符合下列规定：

1)非屏蔽4对对绞电缆弯曲半径不宜小于电缆外径的4倍；

2)屏蔽4对对绞电缆弯曲半径不宜小于电缆外径的8倍；

3)主干对绞电缆弯曲半径不宜小于电缆外径的10倍；

4)光缆弯曲半径不宜小于光缆外径的10倍。

(6)线缆间净距应符合现行国家标准《综合布线系统工程验收规范》GB 50312—2007第5.1.1条的规定。

(7)室内光缆桥架内敷设时宜在绑扎固定处加装垫套。

(8)线缆敷设施工时，现场应安装稳固的临时线号标签，线缆上配线架、打模块前应安装永久线号标签。

(9)线缆经过桥架、管线拐弯处，应保证线缆紧贴底部，且不应悬空、不受牵引力。在桥架的拐弯处应采取绑扎或其他形式固定。

(10)距信息点最近的一个过线盒穿线时应宜留有不小于0.15mm的余量。

2. 信息插座安装标高应符合设计要求，其插座与电源插座安装的水平距离应符合国家标准《综合布线系统工程验收规范》GB 50312—2007第5.1.1条的规定。当设计无标注要求时，其插座宜与电源插座安装标高相同。

3. 机柜内线缆应分别绑扎在机柜两侧理线架上，应排列整齐、美观，配线架应安装牢固，信息点标识应准确。

4. 光纤配线架(盘)宜安装在机柜顶部，交换机宜安装在铜缆配线架和光纤配线架(盘)之间。

5. 配线间内应设置局部等电位端子板，机柜应可靠接地。

6. 跳线应通过理线架与相关设备相连接，理线架内、外线缆宜整理整齐。

二、综合布线系统通道测试和自检自验

(1)线缆永久链路的技术指标应符合现行国家标准《综合布线系统工程设计规范》GB 50311有关规定。

(2)电缆电气性能测试及光纤系统性能测试应符合现行国家标准《综合布线系统工程验收规范》GB 50312有关规定。

三、综合布线系统自检自验

线缆敷设、配线设备安装检验项目及内容应符合表10-1的规定。

表10-1　线缆敷设、配线设备安装检验项目及内容

阶段	检验项目	检验内容	检验方式
设备安装	配线间、设备机距	1. 规格、外观； 2. 安装垂直、水平度； 3. 油漆不得脱落，标志完整齐全； 4. 各螺丝必须紧固； 5. 抗震加固措施； 6. 接地措施； 7. 供电措施； 8. 散热措施； 9. 照明措施；	随工检验
	配线设备	1. 规格、位置、质量； 2. 各种螺丝必须拧紧； 3. 标识齐全； 4. 安装符合工艺要求； 5. 屏蔽层可靠连接；	随工检验

（续）

<table>
<tr><th>阶段</th><th>检验项目</th><th>检验内容</th><th>检验方式</th></tr>
<tr><td>线缆布放
（楼内）</td><td>线缆暗敷（包括暗管、线槽、地板等方式）</td><td>1. 线缆规格、路由、位置；
2. 符合布放线缆工艺要求；
3. 管槽安装符合工艺要求；
4. 接地措施；</td><td>隐蔽工程签证</td></tr>
<tr><td rowspan="3">线缆布放
（楼间）</td><td>管道线缆</td><td>1. 使用管孔孔位、孔径；
2. 线缆规格；
3. 线缆的安装位置、路由；
4. 线缆的防护设施；</td><td>隐蔽工程签证</td></tr>
<tr><td>隧道线缆</td><td>1. 线缆规格；
2. 线缆安装位置、路由；
3. 线缆安装固定方式；</td><td>隐蔽工程签证</td></tr>
<tr><td>其他</td><td>1. 线缆路由与其他专业管线的间距
2. 设备间设备安装、施工质量</td><td>随工检验或
隐蔽工程签证</td></tr>
<tr><td rowspan="4">缆线端接</td><td>信息插座</td><td>符合工艺要求</td><td rowspan="4">随工检验</td></tr>
<tr><td>配线部件</td><td>符合工艺要求</td></tr>
<tr><td>光纤插座</td><td>符合工艺要求</td></tr>
<tr><td>各类跳线</td><td>符合工艺要求</td></tr>
</table>

第十一章　建筑电气防雷与接地及安全用电

第一节　建筑物防雷等级分类与防雷措施

一、雷电的危害

云层之间的放电现象，虽然有很大声响和闪电，但对地面上的万物危害并不大，只有云层对地面的放电现象或极强的电场感应作用才会产生破坏作用，其雷击的破坏作用可归纳为直接雷击、感应雷击和高电位引入。

1. 直接雷击

当雷云离地面较近时，由于静电感应作用，使离云层较近的地面上凸出物（如树木、山头、各类建筑物和构筑物等）感应出异种电荷，故在云层强电场作用下形成尖端放电现象，即发生云层直接对地面物体放电。因雷云上聚集的电荷量极大，在放电瞬时的冲击电压与放电电流均很大，可达几百万伏和200kA以上的数量级。所以往往会引起火灾、房屋倒塌和人身伤亡事故，灾害比较严重。

2. 感应雷害

当建筑物上空有聚集电荷量很大的云层时，由于极强的电场感应作用，将会在建筑物上感应出与雷云所带负电荷性质相反的正电荷。这样，在雷云之间放电或带电云层飘离后，虽然带电云层与建筑物之间的电场已经消失，但这时屋顶上的电荷还不能立即疏散掉，致使屋顶对地面还会有相当高的电位。所以，往往会造成对室内的金属管道、大型金属设备和电线等放电现象，引起火灾、电气线路短路和人身伤亡等事故。

3. 高电位引入

当架空线路上某处受到雷击或与被雷击设备连接时，便会将高电位通过输电线路而引入室内，或者雷云在线路的附近对建筑物等放电而感应产生高电位引入室内，均会造成室内用电设备或控制设备承受严重过电压而损坏，或引起火灾和人身伤害事故。

二、建筑物的防雷分类

建筑物应根据其重要性、使用性质、发生雷电事故的可能性及后果，按防雷要求分为三类。根据现行国家标准《建筑物防雷设计规范》GB 50057—2010 的规定，民用建筑中无第一类防雷建筑物，其分类应划分为第二类及第三类防雷建筑物。在雷电活动频繁地区或强雷区，可适当提高建筑物的防雷保护措施。

1. 第一类防雷建筑物

在可能发生对地闪击的地区，遇下列情况之一时，应划为第一类防雷建筑物。

(1)凡制造、使用或贮存火炸药及其制品的危险建筑物，因电火花而引起爆炸、爆轰，会造成巨大破坏和人身伤亡者。

(2)具有 0 区或 20 区爆炸危险场所的建筑物。

(3)具有 1 区或 21 区爆炸危险场所的建筑物，因电火花而引起爆炸，会造成巨大破坏和人身伤亡者。

(4)当第一类防雷建筑物部分的面积占建筑物总面积的 30%及以上时，该建筑物宜确定为第一类防雷建筑物。

2. 第二类防雷建筑物

在可能发生对地闪击的地区，遇下列情况之一时，应划为第二类防雷建筑物。

(1)国家级重点文物保护的建筑物。

(2)国家级的会堂、办公建筑物、大型展览和博览建筑物、大型火车站和飞机场、国宾馆，国家级档案馆、大型城市的重要给水泵房等特别重要的建筑物。其中，飞机场不含停放飞机的露天场所和跑道。

(3)国家级计算中心、国际通信枢纽等对国民经济有重要意义的建筑物。

(4)国家特级和甲级大型体育馆。

(5)制造、使用或贮存火炸药及其制品的危险建筑物，且电火花不易引起爆炸或不致造成巨大破坏和人身伤亡者。

(6)具有 1 区或 21 区爆炸危险场所的建筑物，且电火花不易引起爆炸或不致造成巨大破坏和人身伤亡者。

(7)具有 2 区或 22 区爆炸危险场所的建筑物。

(8)有爆炸危险的露天钢质封闭气罐。

(9)预计雷击次数大于 0.05 次/a 的部、省级办公建筑物和其他重要或人员密集的公共建筑物以及火灾危险场所。

(10)预计雷击次数大于 0.25 次/a 的住宅、办公楼等一般性民用建筑物或一般性工业建筑物。

(11)当第一类防雷建筑物部分的面积占建筑物总面积的 30%以下,且第二类防雷建筑物部分的面积占建筑物总面积的 30%及以上时,或当这两部分防雷建筑物的面积均小于建筑物总面积的 30%,但其面积之和又大于 30%时,该建筑物宜确定为第二类防雷建筑物。但对第一类防雷建筑物部分的防闪电感应和防闪电电涌侵入,应采取第一类防雷建筑物的保护措施。

3. 第三类防雷建筑物

在可能发生对地闪击的地区,遇下列情况之一时,应划为第三类防雷建筑物。

(1)省级重点文物保护的建筑物及省级档案馆。

(2)预计雷击次数大于或等于 0.01 次/a,且小于或等于 0.05 次/a 的部、省级办公建筑物和其他重要或人员密集的公共建筑物,以及火灾危险场所。

(3)预计雷击次数大于或等于 0.05 次/a,且小于或等于 0.25 次/a 的住宅、办公楼等一般性民用建筑物或一般性工业建筑物。

(4)在平均雷暴日大于 15d/a 的地区,高度在 15m 及以上的烟囱、水塔等孤立的高耸建筑物;在平均雷暴日小于或等于 15d/a 的地区,高度在 20m 及以上的烟囱、水塔等孤立的高耸建筑物。

4. 混合建筑

当一座防雷建筑物中兼有第一、二、三类防雷建筑物,或当防雷建筑物部分的面积占建筑物总面积的 50%以上时,其防雷分类和防雷措施宜符合下列规定:

(1)当第一类防雷建筑物部分的面积占建筑物总面积的 30%及以上时,该建筑物宜确定为第一类防雷建筑物。

(2)当第一类防雷建筑物部分的面积占建筑物总面积的 30%以下,且第二类防雷建筑物部分的面积占建筑物总面积的 30%及以上时,或当这两部分防雷建筑物的面积均小于建筑物总面积的 30%,但其面积之和又大于 30%时,该建筑物宜确定为第二类防雷建筑物。但对第一类防雷建筑物部分的防闪电感应和防闪电电涌侵入,应采取第一类防雷建筑物的保护措施。

(3)当第一、二类防雷建筑物部分的面积之和小于建筑物总面积的 30%,且不可能遭直接雷击时,该建筑物可确定为第三类防雷建筑物;但对第一、二类防雷建筑物部分的防闪电感应和防闪电电涌侵入,应采取各自类别的保护措施;当可能遭直接雷击时,宜按各自类别采取防雷措施。

三、建筑物的防雷措施

我国自2011年10月1日开始实施《建筑物防雷设计规范》GB 50057—2010，其中对各类建筑物进行了防雷等级的分类，详细规定了各类建筑物的防雷措施。

1. 对建筑物防雷的基本规定

(1)各类防雷建筑物应设防直击雷的外部防雷装置，并应采取防闪电电涌侵入的措施。

第一类防雷建筑物和上述规定的第二类防雷建筑物的(5)～(7)部分，尚应采取防闪电感应的措施。

(2)各类防雷建筑物应设内部防雷装置，并应符合下列规定：

1)在建筑物的地下室或地面层处，下列物体应与防雷装置做防雷等电位连接：

①建筑物金属体；

②金属装置；

③建筑物内系统；

④进出建筑物的金属管线。

2)除了防直击雷的装置外，其余的外部防雷装置与建筑物金属体、金属装置、建筑物内系统之间，尚应满足间隔距离的要求。

(3)上述规定的第二类防雷建筑物的(2)～(4)部分，尚应采取防雷击电磁脉冲的措施。其他各类防雷建筑物，当其建筑物内系统所接设备的重要性高，以及所处雷击磁场环境和加于设备的闪电电涌无法满足要求时，也应采取防雷击电磁脉冲的措施。

2. 第一类防雷建筑物的防雷措施

第一类防雷建筑物防直击雷的措施应符合下列规定：

(1)应装设独立接闪杆或架空接闪线或网。架空接闪网的网格尺寸不应大于5m×5m或6m×4m。

(2)排放爆炸危险气体、蒸气或粉尘的放散管、呼吸阀、排风管等的管口外的下列空间应处于接闪器的保护范围内。当有管帽时应按表11-1的规定确定。当无管帽时，应为管口上方半径5m的半球体。接闪器与雷闪的接触点应在上述空间之外。

(3)排放爆炸危险气体、蒸气或粉尘的放散管、呼吸阀、排风管等，当其排放物达不到爆炸浓度、长期点火燃烧、一排放就点火燃烧，以及发生事故时排放物才达到爆炸浓度的通风管、安全阀，接闪器的保护范围应保护到管帽，无管帽时应保护到管口。

表 11-1 有管帽的管口处处于接闪器保护范围内的空间

装置内的压力与周围空气压力的压力差(kPa)	排放物对比于空气	管帽以上的垂直距离(m)	距管口处的水平距离(m)
<5	重于空气	1	2
5～25	重于空气	2.5	5
≤25	轻于空气	2.5	5
>25	重或轻于空气	5	5

注：相对密度小于或等于 0.75 的爆炸性气体规定为轻于空气的气体；相对密度大于 0.75 的爆炸性气体规定为重于空气的气体。

(4)独立接闪杆的杆塔、架空接闪线的端部和架空接闪网的每根支柱处应至少设一根引下线。对用金属制成或有焊接、绑扎连接钢筋网的杆塔、支柱，宜利用金属杆塔或钢筋网作为引下线。

(5)独立接闪杆和架空接闪线或网的支柱及其接地装置与被保护建筑物及与其有联系的管道、电缆等金属物之间的间隔距离(图 11-1)，应按下列公式计算，且不得小于 3m。

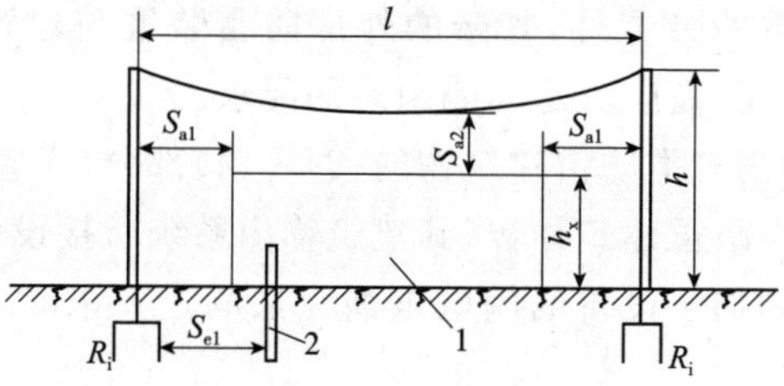

图 11-1 防雷装置至被保护物的间隔距离

1—被保护建筑物；2—金属管道

1)地上部分：

当 $h_x<5R_i$ 时： $$S_{a1}\geqslant 0.4(R_i+0.1h_x) \tag{11-1}$$

当 $h_x\geqslant 5R_i$ 时： $$S_{a1}\geqslant 0.1(R_i+h_x) \tag{11-2}$$

2)地下部分：

$$S_{e1}\geqslant 0.4R_i \tag{11-3}$$

式中：S_{a1}——空气中的间隔距离(m)；

S_{e1}——地中的间隔距离(m)；

R_i——独立接闪杆、架空接闪线或网支柱处接地装置的冲击接地电阻(Ω)；

h_x——被保护建筑物或计算点的高度(m)。

(6)架空接闪线至屋面和各种突出屋面的风帽、放散管等物体之间的间隔距离,应按下列公式计算,且不应小于 3m。

1)当$\left(h+\frac{l}{2}\right)<5R_i$ 时:

$$S_{a2}\geqslant 0.2R_i+0.03\left(h+\frac{l}{2}\right) \tag{11-4}$$

2)当$\left(h+\frac{l}{2}\right)\geqslant 5R_i$ 时:

$$S_{a2}\geqslant 0.05R_i+0.06\left(h+\frac{l}{2}\right) \tag{11-5}$$

式中:S_{a2}——接闪线至被保护物在空气中的间隔距离(m);

h——接闪线的支柱高度(m);

l——接闪线的水平长度(m)。

(7)架空接闪网至屋面和各种突出屋面的风帽、放散管等物体之间的间隔距离,应按下列公式计算,且不应小于 3m。

1)当$(h+l_1)<5R_i$ 时:

$$S_{a2}\geqslant\frac{1}{n}[0.4R_i+0.06(h+l_1)] \tag{11-6}$$

2)当$(h+l_1)\geqslant 5R_i$ 时:

$$S_{a2}\geqslant\frac{1}{n}[0.1R_i+0.12(h+l_1)] \tag{11-7}$$

式中:S_{a2}——接闪网至被保护物在空气中的间隔距离(m);

l_1——从接闪网中间最低点沿导体至最近支柱的距离(m);

n——从接闪网中间最低点沿导体至最近不同支柱并有同一距离 l_1 的个数。

(8)独立接闪杆、架空接闪线或架空接闪网应设独立的接地装置,每一引下线的冲击接地电阻不宜大于 10Ω。在土壤电阻率高的地区,可适当增大冲击接地电阻,但在 3000Ωm 以下的地区,冲击接地电阻不应大于 30Ω。

第一类防雷建筑物防闪电感应应符合下列规定:

(1)建筑物内的设备、管道、构架、电缆金属外皮、钢屋架、钢窗等较大金属物和突出屋面的放散管、风管等金属物,均应接到防闪电感应的接地装置上。

金属屋面周边每隔 18～24m 应采用引下线接地一次。

现场浇灌或用预制构件组成的钢筋混凝土屋面,其钢筋网的交叉点应绑扎或焊接,并应每隔 18～24m 采用引下线接地一次。

(2)平行敷设的管道、构架和电缆金属外皮等长金属物,其净距小于 100mm 时,应采用金属线跨接,跨接点的间距不应大于 30m;交叉净距小于 100mm 时,其交叉处也应跨接。

当长金属物的弯头、阀门、法兰盘等连接处的过渡电阻大于0.03Ω时，连接处应用金属线跨接。对有不少于5根螺栓连接的法兰盘，在非腐蚀环境下，可不跨接。

(3)防闪电感应的接地装置应与电气和电子系统的接地装置共用，其工频接地电阻不宜大于10Ω。防闪电感应的接地装置与独立接闪杆、架空接闪线或架空接闪网的接地装置之间的间隔距离，应按照公式11-1～11-3计算，且不得小于3m。

当屋内设有等电位连接的接地干线时，其与防闪电感应接地装置的连接不应少于2处。

第一类防雷建筑物防闪电电涌侵入的措施应符合下列规定：

(1)室外低压配电线路应全线采用电缆直接埋地敷设，在入户处应将电缆的金属外皮、钢管接到等电位连接带或防闪电感应的接地装置上。当全线采用电缆有困难时，应采用钢筋混凝土杆和铁横担的架空线，并应使用一段金属铠装电缆或护套电缆穿钢管直接埋地引入。架空线与建筑物的距离不应小于15m。

在电缆与架空线连接处，尚应装设户外型电涌保护器。电涌保护器、电缆金属外皮、钢管和绝缘子铁脚、金具等应连在一起接地，其冲击接地电阻不应大于30Ω。所装设的电涌保护器应选用I级试验产品，其电压保护水平应小于或等于2.5kV，其每一保护模式应选冲击电流等于或大于10kA；若无户外型电涌保护器，应选用户内型电涌保护器，其使用温度应满足安装处的环境温度，并应安装在防护等级IP54的箱内。

当电涌保护器的接线形式为GB 50057—2010中表J.1.2中的接线形式2时，接在中性线和PE线间电涌保护器的冲击电流，当为三相系统时不应小于40kA，当为单相系统时不应小于20kA。

(2)当架空线转换成一段金属铠装电缆或护套电缆穿钢管直接埋地引入时，其埋地长度可按下式计算：

$$l \geqslant 2\sqrt{\rho} \tag{11-8}$$

式中：l——电缆铠装或穿电缆的钢管埋地直接与土壤接触的长度(m)；

ρ——埋电缆处的土壤电阻率(Ωm)。

(3)电子系统的室外金属导体线路宜全线采用有屏蔽层的电缆埋地或架空敷设，其两端的屏蔽层、加强钢线、钢管等应等电位连接到入户处的终端箱体上，在终端箱内是否装设电涌保护器，参见第3节。

(4)架空金属管道，在进出建筑物处，应与防闪电感应的接地装置相连。距离建筑物100m内的管道，宜每隔25m接地一次，其冲击接地电阻不应大于

30Ω，并应利用金属支架或钢筋混凝土支架的焊接、绑扎钢筋网作为引下线，其钢筋混凝土基础宜作为接地装置。埋地或地沟内的金属管道，在进出建筑物处应等电位连接到等电位连接带或防闪电感应的接地装置上。

当难以装设独立的外部防雷装置时，可将接闪杆或网格不大于 5m×5m 或 6m×4m 的接闪网或由其混合组成的接闪器直接装在建筑物上。其敷设位置和方式应符合《建筑物防雷设计规范》GB 50057—2010 第 4.2.4 条的规定。

3. 第二类防雷建筑物的防雷措施

(1)第二类防雷建筑物外部防雷的措施，宜采用装设在建筑物上的接闪网、接闪带或接闪杆，也可采用由接闪网、接闪带或接闪杆混合组成的接闪器。接闪网、接闪带应按《建筑物防雷设计规范》GB 50057—2010 的附录 B 的规定沿屋角、屋脊、屋檐和檐角等易受雷击的部位敷设，并应在整个屋面组成不大于 10m×10m 或 12m×8m 的网格；当建筑物高度超过 45m 时，首先应沿屋顶周边敷设接闪带，接闪带应设在外墙外表面或屋檐边垂直面上，也可设在外墙外表面或屋檐边垂直面外。接闪器之间应互相连接。

专设引下线不应少于 2 根，并应沿建筑物四周和内庭院四周均匀对称布置，其间距沿周长计算不应大于 18m。当建筑物的跨度较大，无法在跨距中间设引下线时，应在跨距两端设引下线并减小其他引下线的间距，专设引下线的平均间距不应大于 18m。

外部防雷装置的接地应和防闪电感应、内部防雷装置、电气和电子系统等接地共用接地装置，并应与引入的金属管线做等电位连接。外部防雷装置的专设接地装置宜围绕建筑物敷设成环形接地体。

(2)上述规定的第二类防雷建筑物的(5)～(7)部分所规定的建筑物，其防闪电感应的措施应符合下列规定：

1)建筑物内的设备、管道、构架等主要金属物，应就近接到防雷装置或共用接地装置上。

2)除了其中的(7)所规定的建筑物外，平行敷设的管道、构架和电缆金属外皮等长金属物，其净距小于 100mm 时，应采用金属线跨接，跨接点的间距不应大于 30m；交叉净距小于 100mm 时，其交叉处也应跨接。当长金属物的弯头、阀门、法兰盘等连接处的过渡电阻大于 0.03Ω 时，连接处应用金属线跨接。对有不少于 5 根螺栓连接的法兰盘，在非腐蚀环境下，可不跨接。

3)建筑物内防闪电感应的接地干线与接地装置的连接，不应少于 2 处。

防止雷电流经引下线和接地装置时产生的高电位对附近金属物或电气和电子系统线路的反击时，应符合《建筑物防雷设计规范》GB 50057—2010 第 4.3.8 条的规定。

(3)高度超过 45m 的建筑物,除屋顶的外部防雷装置应符合上述(1)的规定外,尚应符合下列规定:

1)对水平突出外墙的物体,当滚球半径 45m 球体从屋顶周边接闪带外向地面垂直下降接触到突出外墙的物体时,应采取相应的防雷措施。

2)高于 60m 的建筑物,其上部占高度 20%并超过 60m 的部位应防侧击,防侧击应符合《建筑物防雷设计规范》GB 50057—2010 的相关规定。

3)外墙内、外竖直敷设的金属管道及金属物的顶端和底端,应与防雷装置等电位连接。

4. 第三类防雷建筑物的防雷措施

(1)第三类防雷建筑物外部防雷的措施宜采用装设在建筑物上的接闪网、接闪带或接闪杆,也可采用由接闪网、接闪带和接闪杆混合组成的接闪器。接闪网、接闪带应按《建筑物防雷设计规范》GB 50057—2010 附录 B 的规定沿屋角、屋脊、屋檐和檐角等易受雷击的部位敷设,并应在整个屋面组成不大于 20m×20m 或 24m×16m 的网格;当建筑物高度超过 60m 时,首先应沿屋顶周边敷设接闪带,接闪带应设在外墙外表面或屋檐边垂直面上,也可设在外墙外表面或屋檐边垂直面外。接闪器之间应互相连接。突出屋面物体的保护措施应符合《建筑物防雷设计规范》GB 50057—2010 第 4.3.2 条的规定。

(2)专设引下线不应少于 2 根,并应沿建筑物四周和内庭院四周均匀对称布置,其间距沿周长计算不应大于 25m。当建筑物的跨度较大,无法在跨距中间设引下线时,应在跨距两端设引下线并减小其他引下线的间距,专设引下线的平均间距不应大于 25m。

(3)防雷装置的接地应与电气和电子系统等接地共用接地装置,并应与引入的金属管线做等电位连接。外部防雷装置的专设接地装置宜围绕建筑物敷设成环形接地体。

(4)利用钢筋混凝土屋面、梁、柱基础内的钢筋作为引下线和接地装置时,应符合《建筑物防雷设计规范》GB 50057—2010 第 4.4.5 条的规定。

因内容较多,第三类防雷建筑物的其余防雷措施,请读者参见《建筑物防雷设计规范》GB 50057—2010 的相关规定。

5. 其他防雷措施

(1)当一座建筑物中仅有一部分为第一、二、三类防雷建筑物时,其防雷措施宜符合下列规定:

1)当防雷建筑物部分可能遭直接雷击时,宜按各自类别采取防雷措施。

2)当防雷建筑物部分不可能遭直接雷击时,可不采取防直击雷措施,可仅按各自类别采取防闪电感应和防闪电电涌侵入的措施。

(2)固定在建筑物上的节日彩灯、航空障碍信号灯及其他用电设备和线路应根据建筑物的防雷类别采取相应的防止闪电电涌侵入的措施,并且应符合《建筑物防雷设计规范》GB 50057—2010 第 4.5.4 的相关规定。

(3)对第二类和第三类防雷建筑物,应符合下列规定:

1)没有得到接闪器保护的屋顶孤立金属物的尺寸不超过下列数值时,可不要求附加的保护措施:①高出屋顶平面不超过 0.3m;②上层表面总面积不超过 1.0m^2;③上层表面的长度不超过 2.0m。

2)不处在接闪器保护范围内的非导电性屋顶物体,当它没有突出由接闪器形成的平面 0.5m 以上时,可不要求附加增设接闪器的保护措施。

(4)在独立接闪杆、架空接闪线、架空接闪网的支柱上,严禁悬挂电话线、广播线、电视接收天线及低压架空线等。

6. 防雷击电磁脉冲

在工程的设计阶段不知道电子系统的规模和具体位置的情况下,若预计将来会有需要防雷击电磁脉冲的电气和电子系统,应在设计时将建筑物的金属支撑物、金属框架或钢筋混凝土的钢筋等自然构件、金属管道、配电的保护接地系统等防雷装置组成一个接地系统,并应在需要之处预埋等电位连接板。

当电源采用 TN 系统时,从建筑物总配电箱起供电给本建筑物内的配电线路和分支线路必须采用 TN－S 系统。

防雷区的划分应按照《建筑物防雷设计规范》GB 50057—2010 第 6.2.1 条的规定。在两个防雷区的界面上宜将所有通过界面的金属物做等电位连接。当线路能承受所发生的浪涌电压时,浪涌保护器可安装在被保护设备外,而线路的金属保护层或屏蔽层宜首先于界面处做一次等电位连接。应符合屏蔽、接地和等电位连接的要求。

第二节 防 雷 装 置

一、接闪器

接闪器是在防雷装置中用以接受雷云放电的金属导体。接闪器包括避雷针、避雷线、避雷带、避雷网等。所有接闪器都要经过接地引下线与接地体相连,可靠地接地。防雷装置的工频接地电阻要求不超过 10Ω。

1. 避雷针

避雷针通常采用镀锌圆钢或镀锌钢管制成(一般采用圆钢),上部制成针尖形状,如图 11-2 所示。

图 11-2 各种形状的避雷针

避雷针较长时，针体可由针尖和不同管径的钢管段焊接而成。

一般采用的热镀锌圆钢或钢管制成时，其直径不应小于下列数值：

(1)针长 1m 以下，圆钢为 12mm，钢管为 20mm；

(2)针长 1～2m，圆钢为 16mm，钢管为 25mm；

(3)独立烟囱顶上的针，圆钢为 20mm，钢管为 40mm。

避雷针一般安装在支柱(电杆)上或其他构架、建筑物上。避雷针必须经引下线与接地体可靠连接。引下线一般采用圆钢或扁钢：圆钢直径不小于 8mm；扁钢截面不小于 $48mm^2$，且厚度不小于 4mm；装在烟囱上的引下线，圆钢直径不小于 12mm；扁钢截面不小于 $10mm^2$，且厚度不小于 4mm。

引下线安装可分为明装、暗装以及利用钢筋混凝土柱内的主筋三种方式。

(1)明装。支持引下线的固定支架(俗称接地脚头)，可采用 25mm×4mm 的扁钢制作，其在外墙应预先安装。引下线一般直接焊接在支架上。支架的间距，当引下线作水平敷设时，为 1～1.5m；作垂直安装时，为 1.5～2m。

引下线应离开建筑物出入口 3m 以上，一般应设置在建筑物周围拐角或山墙背面，以尽量减少行人的接触，避免雷电流对人员的伤害。此外，引下线也应离开外墙上的落水管道。

引下线的安装应力求横平竖直，在安装前，应在地面上把其调直，安装时，应采用拉紧装置，以保证引下线的平直。

当采用多根引下线时，为便于测量接地电阻及检查引下线连接情况，应在各引下线距地面 1.5～1.8m 处设置断接卡。引下线与接闪器、引下线与接地装置以及引下线本身的连接，都应采用搭接焊接，严禁直接对接。搭接长度：扁钢为宽度的 2 倍；圆钢为直径的 6 倍。焊接时，不得少三个支边，两个长边必焊。

(2)暗装。引下线可以暗装在抹灰层内或伸缩缝中。安装方法与明装相同。但应注意它与墙上配电箱、电气管线、电气设备以及金属构件、工艺管道的安全距离，以防止雷电流的危险，引下线的断接卡，应设置在暗筋内。

(3)利用建、构筑物钢筋混凝土柱、梁等构件内的主钢筋作防雷引下线，防雷引下线的主钢筋，必须保证具有贯通性的电气连接。当钢筋直径为 16mm 及以上时，应利用两根主钢筋作为一组引下线；当钢筋直径为 10mm 及以上时，应利用四根主钢筋作为一组引下线。至于引下线的根数与坐标位置，应与设计相符。

用作防雷引下线的主钢筋，其上部应与接闪器焊接，下部应在室外地坪0.8～1m处焊出一根直径为12mm的镀锌圆钢或40mm×4mm的镀锌扁钢。它应伸向室外距外墙皮距离不小于1m，作为测量接地电阻的测量点。一般将测量端子设置在建筑的四角部分，也可用地线将它引至底层配电柜的接地端子处。测量点的标高如无设计规定，则测量点中心距地面的距离为500mm。

避雷针的作用原理是它能对雷电场产生一个附加电场（这个附加电场由于雷云对避雷针产生静电感应而引起），使雷电场发生畸变，将雷云放电的通路，由原来可能从被保护物通过的方向吸引到避雷针本身，使雷云向避雷针放电，然后由避雷针经引下线和接地体把雷电流泄放到大地中去，这样使被保护物免受直击雷击。所以避雷针实质上是引雷针。

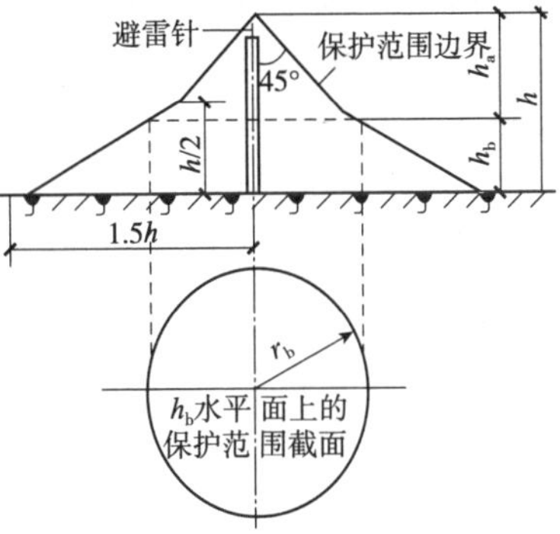

图 11-3　单支避雷针的保护范围

避雷针有一定的保护范围，其保护范围以它对直击雷保护的空间来表示。

单支避雷针的保护范围可以用一个以避雷针为轴的圆锥形来表示，如图11-3所示。

避雷针在地面上的保护半径按下式计算：

$$r=1.5h \tag{11-9}$$

式中：r——避雷针在地面上的保护半径（m）；

h——避雷针总高度（m）。

避雷针在被保护物高度h_b水平面上的保护半径r_b按下式计算：

（1）当$h_b>0.5h$时，

$$r_b=(h-h_b)\cdot P=h_a\cdot P \tag{11-10}$$

式中：r_b——避雷针在被保护物高度h_b水平面上的保护半径（m）；

h_a——避雷针的有效高度（m）；

P——高度影响系数，$h<30$m时$P=1$，30m$<p<$120m时$P=5.5/\sqrt{\text{h}}$。

（2）当$h_b<0.5h$时，

$$r_b=(1.5h-2h_b)\cdot P \tag{11-11}$$

在山地和坡地，应考虑地形、地质、气象及雷电活动的复杂性对避雷针降低保护范围的作用，因此避雷的保护范围应适当缩小。

2. 避雷线

避雷线一般用截面不小于35mm²的镀锌钢绞线，架设在架空线路上，以保护架空电力线路免受直击雷。由于避雷线是架空敷设而且接地，所以避雷线又叫架空地线。

避雷线的作用原理与避雷针相同，只是保护范围较小。

3. 避雷带和避雷网

避雷带是沿建筑物易受雷击的部位（如屋脊、屋檐、屋角等处）装设的带形导体。

避雷网是由屋面上纵横敷设的避雷带组成的。网格大小按有关规程确定，对于防雷等级不同的建筑物，其要求不同。

避雷带和避雷网采用镀锌圆钢或镀锌扁钢（一般采用圆钢），其尺寸规格不应小于下列数值：

圆钢直径为 8mm。

扁钢截面积为 $48mm^2$，厚度为 4mm。

烟囱顶上的避雷环采用镀锌圆钢或镀锌扁钢（一般采用圆钢），其尺寸不应小于下列数值：

圆钢直径为 12mm。

扁钢截面积为 $100mm^2$，厚度为 4mm。

避雷带（网）距屋面为 100～150mm，支持卡间距离一般为 1～1.5m，避雷带（网）安装分为明装和暗装两种。

明装适用于低层混合结构建筑，通常采用直径为 8mm 的圆钢或截面为 $48mm^2$ 的扁钢制成。避雷带距屋顶面为 0.1～0.15m，支持卡距为 1.0～1.5m。在建筑物的沉降缝处应留有 0.1～0.2m 的余量。

暗装适用于钢筋混凝土框架建筑中，特别是在高层建筑物中常用。暗装避雷带（网）是利用建筑物面板钢筋作为避雷带（网），钢筋直径不小于 4mm，并须连接良好。若层面装有金属杆或其他金属柱时，均应与避雷带（网）联结起来。它的引下线的位置视建、构筑物的大小、形状由设计决定。但不宜少于两根，其间距不宜大于 30m。

此外，避雷带（网）要沿房屋四周敷设成闭合回路，并与接地装置相连。

二、引下线

引下线是将雷电流从接闪器传导至接地装置的导体。引下线的材料、结构和最小截面应符合《建筑物防雷设计规范》GB 50057—2010 第 5.2.1 的规定。宜利用建筑物钢筋混凝土中的钢筋和圆钢、扁钢作为引下线。也可利用建筑物中的金属构件。金属烟囱、烟囱的金属爬梯等可以作为引下线，但其所有部件之间均应连成电气通路。

(1)宜采用热镀锌圆钢或扁钢,宜优先采用圆钢。当独立烟囱上的引下线采用圆钢时,其直径不应小于12mm;采用扁钢时,其截面不应小于$100mm^2$,厚度不应小于4mm。

(2)利用混凝土中钢筋作引下线时,引下线应镀锌,焊接处应涂防腐漆。在腐蚀性较强的场所,还应适当加大截面或采取其他的防腐措施。

(3)专设引下线宜沿建筑物外墙壁敷设,并应以最短路径接地,对建筑艺术要求较高时也可暗敷,但截面应加大一级。

(4)采用多根专设引下线时,为了便于测量接地电阻及检查引下线、接地线的连接状况,宜在各引下线距地面0.3～1.8m之间设置断接卡。

当利用钢筋混凝土中的钢筋、钢柱作为引下线并同时利用基础钢筋作为接地装置时,可不设断接卡。但利用钢筋作引下线时,应在室外适当地点设置若干连接板,供测量接地、接人工接地体和等电位联结用。当利用钢筋混凝土中钢筋作引下线并采用人工接地时,应在每根引下线距地面不低于0.3m处设置具有引下线与接地装置连接和断接卡功能的连接板。采用埋于土壤中的人工接地体时,应设断接卡,其上端应与连接板或钢柱焊接,连接板处应有明显标志。

(5)利用建筑钢筋混凝土中的钢筋作为防雷引下线时,其上部(屋顶上)应与接闪器焊接,下部在室外地坪下0.8～1m处焊出一根直径为12mm或40mm×4mm镀锌导体,此导体伸向室外,距外墙皮的距离应不小于1m,并应符合下列要求:

1)当钢筋直径为16mm及以上时,应利用两根钢筋(绑扎或焊接)作为一组引下线。

2)当钢筋直径为10mm及以上时,应利用4根钢筋(绑扎或焊接)作为一组引下线。

(6)当建筑钢、构筑物钢筋混凝土内的钢筋具有贯通性连接(绑扎或焊接),并符合规格要求时,竖向钢筋可作为引下线;横向钢筋与引下线有可靠连接(绑扎或焊接)时可作为均压环。

(7)在易受机械损坏的地方,地面上约1.7m至地面下0.3m的这一段引下线应加保护设施。

三、接地网

民用建筑中,宜优先把钢筋混凝土中的钢筋作为防雷接地网。条件不具备时,宜采用圆钢、钢管、角钢或扁钢等金属体作为人工接地极。

埋于土壤中的人工垂直接地体宜采用热镀锌角钢、钢管或圆钢;埋于土壤中的人工水平接地体宜采用热镀锌扁钢或圆钢。接地线应与水平接地体的截面相同。垂直接地体的长度宜为 2.5m，其间距以及人工水平接地体的间距宜为 5m，当受地方限制时可适当减小。

接地极及其连接导体应热镀锌，焊接处应涂防腐漆。在腐蚀性较强的土壤中，还应适当加大其截面或采取其他防腐措施。接地极埋设深度不宜小于 0.6m，接地极应远离由于高温影响使土壤电阻率升高的地方。

当防雷装置引下线大于或等于两根时，每根引下线的冲击接地电阻均应满足对该建筑物所规定的防直击雷冲击接地电阻值。

为降低跨步电压，防直击雷的人工接地装置距建筑物人口处及人行道不应小于 3m，当小于 3m 时应采取下列措施之一：

(1)水平接地体局部深埋不应小于 1m。

(2)水平接地体局部包以绝缘物。

(3)采用沥青碎石地面或在接地装置上面敷设 50～80mm 沥青层，其宽度超过接地装置 2m。

在高土壤电阻率地区，降低防直击雷冲击接地电阻宜采用下列方法：

(1)采用多支线外引接地装置，外引长度不应大于有效长度，有效长度应符合《建筑物防雷设计规范》GB 50057—2010 附录 C 的规定。

(2)接地体埋于较深的低电阻率土壤中。

(3)换土。

(4)采用降阻剂。

第三节　过压保护设备

一、避雷器

避雷器能减轻或避免雷电过电压侵入危害，用于保护线路和设备。它与被保护设备并联连接，如图 11-4 所示。它有两个接线端，一端接大地，另一端接在输电线路上，没有雷电时两端之间是断开的，有雷电引起过电压时，两端之间导通，过电压降低，雷电电流被导入大地，从而起到避雷作用。

避雷器分为保护间隙、管式避雷器、阀式避雷器和氧化锌避雷器四种。

(1)保护间隙

图 11-5 为常用的羊角形保护间隙。它有两个保持一定距离的金属电极，一个电极固定在绝缘子上与带电导线连接，另一个电极通过辅助间隙与大地连接。正常情况下，保护间隙的两极是绝缘的，当产生雷电过电压时，间隙被击穿，雷电电流被导入大地。额定电压为 3～10kV 的保护间隙的间隙距离很小，一般为

8～25mm。为防止昆虫、鸟类、树枝等将间隙短路，常设一个辅助间隙，间隙距离一般为 5～10mm。

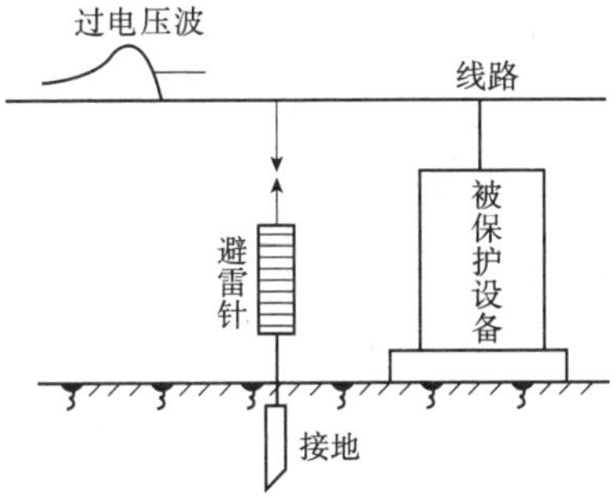

图 11-4　避雷器的连接

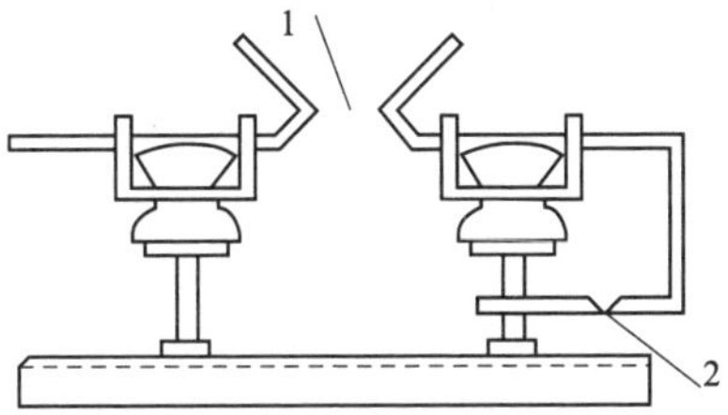

图 11-5　保护间隙的原理

1—主间隙；2—辅助间隙

保护间隙是最简单的避雷器，维护方便，价格便宜，应用广泛，但灭弧能力较差，放电后，电极有可能被烧毁，在电动力的作用下间隙距离也可能发生变动。所以在装有保护间隙的线路上，一般都装有自动重合闸装置，以提高供电可靠性。保护电力变压器的角型间隙，要求装在高压熔断器的内侧，即靠近变压器的一侧，这样在间隙放电后，熔断器能迅速熔断以减少变电所、线路断路器的跳闸次数，并缩小停电范围。

保护间隙在运行中要加强维护检查，特别要注意间隙是否完好、间隙距离有无变动、接地是否完好。保护间隙宜用在电压不高并且不太重要的线路上，用于农村的线路上。

(2)管式避雷器

管式避雷器的结构和接线方法如图 11-6 所示，它由内外间隙、灭弧管和瓷套(未画出)组成，其原理和保护间隙的原理一样，区别在于管式避雷器有灭弧管和瓷套。灭弧管由纤维、塑料或橡胶等产气材料制成，在电弧的高温作用下产生大量气体，高压气体从管内喷出而吹灭电弧。随着产气次数的增加，灭弧管内径增大，当增加 20%时灭弧管不能再使用。瓷套主要起密封绝缘等作用。

管式避雷器内部间隙 S_1 装在产气管内，一个电极为棒形，另一个电极为环形。外部间隙 S_2 装在管形避雷器与运行带电的线路之间。正常运行时，间隙 S_1 和 S_2 均断开，管式避雷器不工作。当线路上遭到雷击或发生感应雷时，很高的雷电压将管式避雷器的外部间隙 S_2 击空(此时无电弧)，接着管式避雷器内部间隙 S_1 被击穿，强大的雷电流便通过管型避雷器的接地装置入地。此强大的雷电流和很大的工频续流会在内部间隙发生强烈电弧，在电弧高温下，产气管的管壁产生大量电弧气体，由于管子容积很小，所以在管内形成很高压力，将气体从管口喷出，强烈吹弧，在电流经过零值时，电弧熄灭。这时外部间隙恢复绝缘，使管

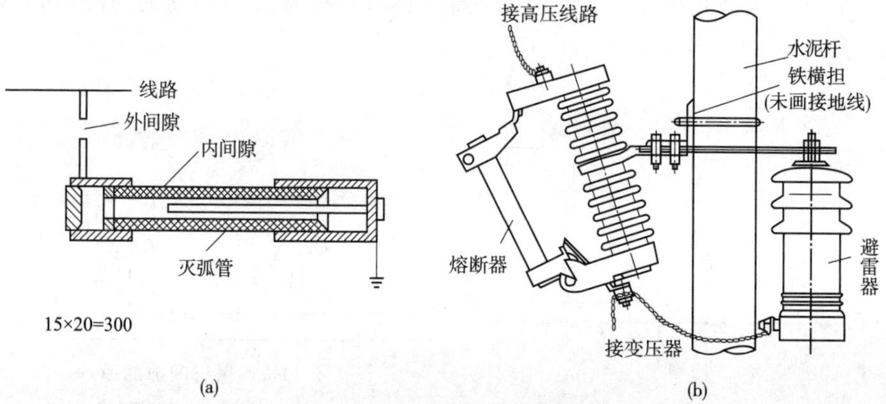

图 11-6　管式避雷器的结构和接线图

(a)结构图;(b)接线图

型避雷器与运行线路隔离,恢复正常运行。管式避雷器外部间隙 S_2 的最小值,额定电压为 3kV 时为 8mm;6kV 时外部间隙为 10mm;10kV 时外部间隙为 15mm。具体数值根据周围气候环境、空气湿度及含杂质等情况综合考虑后决定,既要保证线路正常安全运行,又要保证防雷保护可靠工作。

为了保证管式避雷器可靠工作,在选择管式避雷器时,开断续流的上限应不小于安装处短路电流最大有效值(不考虑非周期分量)。

管式避雷器适用于 3～10kV 线路,特别适用于电网容量小、雷电活动多而强的农村、山区和施工工地。

(3)阀式避雷器

阀式避雷器由火花间隙、非线性电阻和瓷套组成,单个火花间隙的结构如图 11-7 所示,实际上火花间隙是用多个间隙串联而成,这样保护性能好。串联的各间隙上并联着均压电阻,使各间隙承受的雷电压相等,这样能提高避雷器承受雷电压的能力。非线性电阻由碳化硅制成,其阻值不是一个常数。正常电压时阻值很大,当过电压时阻值减小,像阀门打开那样让电流流过,当雷电流消失后又恢复常态,故称阀式避雷器。

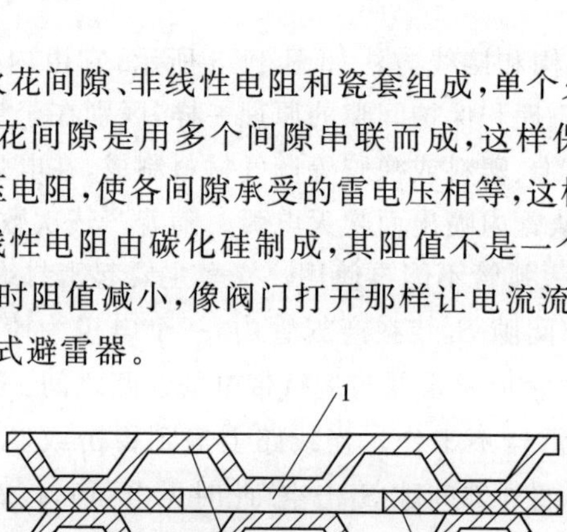

图 11-7　阀式避雷器火花间隙的结构图

1—空气间隙;2—云母垫片;3—黄铜电极

火花间隙和非线性电阻相串联。低压阀式避雷器中串联的火花间隙和阀电阻片少;高压阀式避雷器中串联的火花间隙和阀电阻片多,而且随电压的升高数量增多。

如图 11-8 所示,正常工作电压情况下,阀型避雷器的火花间隙阻止线路工频电流通过,但在线路上出现高电压波时,火花间隙就被击穿,很高的高电压波就加到阀电阻片上,阀电阻片的电阻便立即减小,使高压雷电流畅通地向大地泄放。过电压一消失,线路上恢复工频电压时,阀电阻片又呈现很大的电阻,火花间隙绝缘也迅速恢复,线路便恢复正常运行。这就是阀式避雷器工作原理。

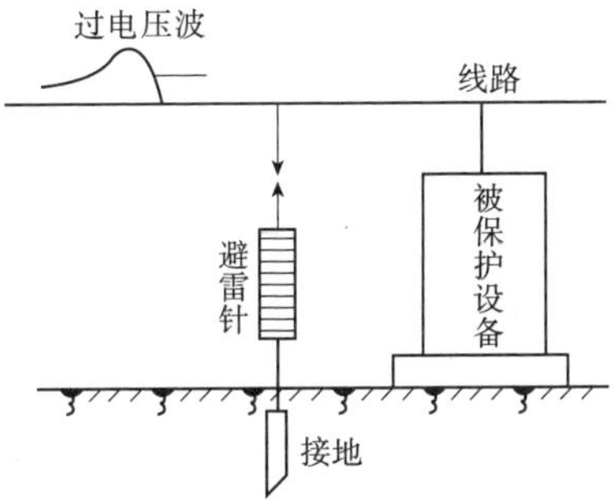

图 11-8　阀式避雷器的连接

阀式避雷器适用于 3～550kV 线路,种类较多,应用广泛,特别适用于高压变配电所。

(4)氧化锌避雷器

氧化锌避雷器是 20 世纪 70 年代初期出现的压敏避雷器,它是以金属氧化锌微粒为基体与精选过能够产生非线性特性的金属氧化物(如氧化铋等)添加剂高温烧结而成的非线性电阻。

氧化锌避雷器的工作原理是:在正常工作电压下,具有极高的电阻,呈绝缘状态;当电压超过其超导启动值时(如雷电过电压等),氧化锌阀片电阻变的极小,呈“导通”状态,将雷电流畅通向大地泄放。等过电压消失后,氧化锌阀片电阻又呈现高电阻状态,使“导通”终止,恢复原始状态。

由前述可知,氧化锌避雷器实质上是一个非线性电阻,又称压敏电阻。它不需要火花间隙,用氧化锌和氧化铋烧结而成,其非线性特性已接近理想阀体,正常电压作用下相当于开路,雷电压作用下相当于通路,不会被烧坏,雷电压过后立即恢复到高电阻状态,是国家推荐使用的产品。

氧化锌避雷器动作迅速,通流量大,伏安特性好,残压低,无续流,因此它一诞生就受到广泛的欢迎,并很快地在电力系统中得到应用。氧化锌避雷器分高压和低压两种,高压型适用于各种室外防雷场合,低压型适用于室内防雷。

二、浪涌保护器

浪涌保护器(SPD)是一种为各种电子设备、仪器仪表、通信线路提供安全防护的非线性阻性元件。当电气回路或通信线路中因外界的干扰而突然产生尖峰电流或者电压时，浪涌保护器能在极短的时间内导通分流，从而避免了设备的损害。

施加其两端的电压 U 和触发电压 U_d（对不同产品 U_d 为标准给定值）不同，工作方式不同。

(1)当 $U<U_d$ 时，SPD 的电阻很高（1MΩ），只有很小的漏电电流（<1mA=通过）。

(2)当 $U>U_d$ 时，SPD 的电阻减小到只有几欧姆，瞬间泄放过电流，使电压突降；待 $U<U_d$ 时 SPD 又呈现高阻性。

SPD 广泛用于低压配电系统，用以限制电网中的大气过电压，使其不超过各种电气设备及配电装置所能承受的冲击耐受电压，保护设备免受由雷电造成的危害。但是 SPD 不能保护暂时的工频过电压。

按照工作原理，分为以下三类。

(1)开关型

其工作原理是，无瞬时过电压时呈现高阻性，一旦有雷电瞬时过电压时，其阻抗就突变为低值，允许雷电流通过。用作此类装置的器件有放电间隙、气体放电管、闸流晶体管等。

(2)限压型

其工作原理是，当没有瞬时过电压时为高阻抗，但随电缆电流和电压的增加，其阻抗会不断减小，其电流电压特性为强烈非线性。用作此类装置的器件有氧化锌、压敏电阻、抑制二极管、雪崩二极管等。

(3)分流型和扼流型

分流型与被保护的设备并联，对雷电脉冲呈现为低阻抗，而对正常工作频率呈现为高阻抗；扼流型与被保护的设备串联，对雷电脉冲呈现为高阻抗，而对正常工作频率呈现为低阻抗。用作此类装置的器件有扼流线圈、高通滤波器、低通滤波器、1/4 波长短路器等。

按照用途，分为以下两类。

(1)电源保护器：交流电源保护器、直流电源保护器、开关电源保护器等。

(2)信号保护器：低频信号保护器、高频信号保护器、天线保护器等。

浪涌保护器的类型和结构按不同的用途有所不同，但它应至少包含一个非线性电压限制元件。用于电涌保护器的基本元器件有：放电间隙、管和扼流线圈等。

安装和选择浪涌保护器的要求，参见《建筑物防雷设计规范》GB 50057—2010 第 6.4 节的相关要求。

第四节　接地与接零

一、接地与接零的基本概念

1. 接地

接地就是将电气设备的某一可导电部分与大地之间用导体作电气连接。在理论上，电气连接是指导体与导体之间电阻为零的连接；实际上，用金属等导体将两个或两个以上的导体连接起来也可称为电气连接，又称为金属性连接。

有关接地的名词与作用包括：

(1)接地体

接地体是用来直接与土壤接触，有一定流散电阻的一个或多个金属导体，如埋在地下的钢管、角钢等。接地体除专门埋设以外，还可利用工程上已有各种金属构件、金属井管、钢管混凝土建(构)筑物的基础等充当，这种接地体称为自然接地体。

(2)接地线

接地线是电气装置、机械设备应接地部分与接地体连接所用的金属导体。常用的有绝缘的多股铜线(截面不小于 2.5mm^2)、扁钢、圆钢等。

(3)接地装置

接地装置是接地体和接地线的总和。

(4)接地电流

接地电流是由于电气设备绝缘损坏而产生的经接地装置而流入大地的电流，又称接地短路电流。

(5)流散电阻

流散电阻包括接地体与土壤接触之间的电阻和土壤的电阻。

(6)接地电阻

接地电阻包括接地线的电阻、接地体本身的电阻及流散电阻。接地电阻的数值等于接地装置对地电压与通过接地体流入地中电流的比值。通过接地体流入地中的工频电流求得的接地电阻，称为工频接地电阻。通过接地体流入地中冲击电流(雷击电流)求得的接地电阻，称为冲击接地电阻。

(7)对地电压

对地电压是漏电设备的电气装置的任何一部分(导线、电气设备、接地体)与位于地中散流电流带以外的土壤各点间的电压。

(8)接触电压

接触电压是在接地短路电流回路上，人们同时触及的两点之间的电位差。

(9)跨步电压

跨步电压是地面上相互距离为一步(0.8m)的两点之间因接地短路电流而造成的电压。跨步电压主要与人体和接地体之间的距离、跨步的大小和方向以及接地电流大小等因素有关。

(10)安全电压

国际上公认在工频交流情况下,流经人体的电流与电流在人体持续时间的乘积等于30mA·s为安全界限值。我国的安全电压额定值的等级为42V、36V、24V、12V和6V。

2. 接零

接零就是把电气设备在正常情况下将不带电的金属部分与电网的零线紧密连接,有效地起到保护人身和设备安全的作用。

有关接零的名词及作用包括:

(1)零线

零线是与变压器直接接地的中性点连接的导线。

(2)工作零线

工作零线是电气设备因运行需要而引接的零线。

(3)专用保护接零线

专用保护接零线是由工作接地线或配电箱的零线或第一级漏电保护器的电源侧的零线引出,专门用以连接电气设备正常不带电导电部分的导线。

(4)工作接零

工作接零是指电气设备因运行需要,而与工作零线连接。

(5)保护接零

保护接零是指电气设备或施工机械设备的金属外壳、构架与保护零线连接,又称接零保护。采用接零保护不是为了降低接触电压和减小流经人体的电流,而是当电气设备发生碰壳或接地短路故障时,短路电流经零线而形成闭合回路,使其变成单相短路故障;较大的单相短路电流使保护装置准确而迅速动作,切断事故电源,消除隐患,确保人身的安全。切断故障一般不超过0.1s。因此在中性点直接接地的电网系统中,没有保护装置是绝对不容许的。采用保护接零时电源中性点必须有良好的接地。

二、接地类别

1. 工作接地

在正常或故障情况下,为了保证电气设备能安全工作,必须把电力系统(电网上)某一点,通常为变压器的中性点接地,称为工作接地。此种接地可直接接地或经电阻接地、经电抗接地、经消弧线圈接地。

2. 保护接地

在正常情况下把不带电，而在故障情况下可能呈现危险的对地电压的金属外壳和机械设备的金属构件，用导线和接地体连接起来，称为保护接地。

保护接地的作用是降低接触电压和减小流经人体的电流，避免和减轻触电事故的发生。通过降低接地的电阻值，最大限度保障人身安全。

在中性点非直接接地的低压电力网中，电力装置应采用低压保护接地。保护接地的接地电阻一般不大于 4Ω。

3. 重复接地

在中性点直接接地的系统中，除在中性点直接接地以外，为了保证接地的作用和效果，还须在中性线上的一处或多处再作接地，称为重复接地。重复接地电阻应小于 10Ω。

保护接零系统中重复接地的作用：

(1)当系统发生零线断线时，可降低断线处后面零线的对地电压。

(2)当系统中发生碰外壳或接地短路时，可以降低零线的对地电压。

(3)当三相负载不平衡而零线又断裂的情况下，能减轻和消除零线上电压的危险。

4. 防雷接地

防雷装置(避雷针、避雷器、避雷线等)的接地，称为防雷接地。防雷接地设置的主要作用是当雷击防雷装置时，将雷电流泄入大地。

三、接地与接零的保护作用

1. 接地的安全保护作用

当电气设备发生接地短路时，电流通过接地体向大地作半球形散开，因为球面积与半径的平方成正比，所以半球形的面积随着远离接地体而迅速增大。因此，与半球形面积对应的土壤电阻随着远离接地体而迅速减小，至离开接地体 20m 处，半球形面积达 2500m^2，土壤电阻已小到可以忽略不计。故可认为远离接地体 20m 以外，地中电流所产生的电压降已接近于零。电工上通常所说的“地”，就是零电位。理论上的零电位在无穷远处，实际上距离接地体 20m 处，已接近零电位，距离 60m 处则是事实上的“地”。反之接地体周围 20m 以内的大地，不是“地”(零电位)。

在中性点对地绝缘的电网中带电部分意外碰壳时，接地电流将通过接触碰壳设备的人体和电网与大地之间的电容构成回路，流过故障点的接地电流主要是电容电流(如图 11-9 所示),在一般情况下,此电流是不大的。但是如果电网分布很广,或者电网绝缘强度显著下降,这个电流可能达到危险程度,因此有必要采取安全措施。

如果电气设备采取了接地措施,这时通过人体的电流仅是全部接地电流的一部分(如图 11-10 所示),显然,接地电阻是与人体电阻并联的,接地电阻越小,流经人体的电流也越小,如果限制接地电阻在适当的范围内,就能保障人身安全。所以在中性点不接地系统中,凡因绝缘损坏而可能呈现对地电压的金属部分(正常时是不带电的)均应接地。

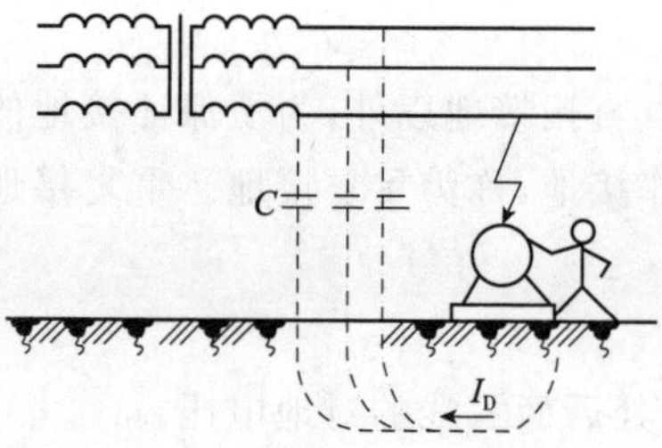

图 11-9　不接地的危险

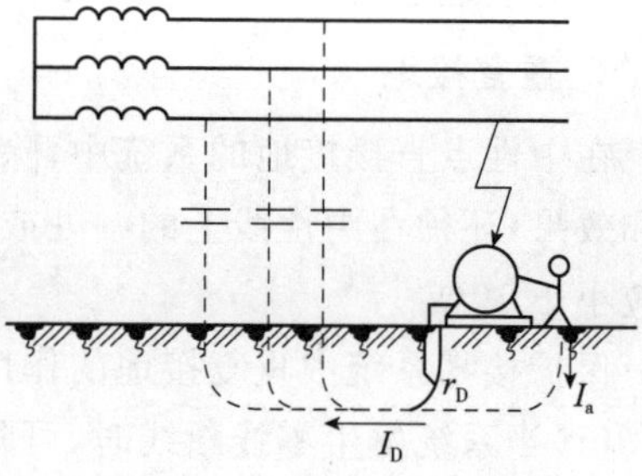

图 11-10　保护接地原理图

2. 接零的安全保护作用

在变压器中性点直接接地的三相四线制系统中,通常采用接零作为安全措施,这是因为,电气设备接零以后,如果一相带电部分碰连设备外壳,则通过设备外壳形成相线对零线的单相短路(如图 11-11 所示),短路电流总是超出正常电流许多倍,能使线路上的保护装置迅速动作,从而使故障部分脱离电源,保障安全。

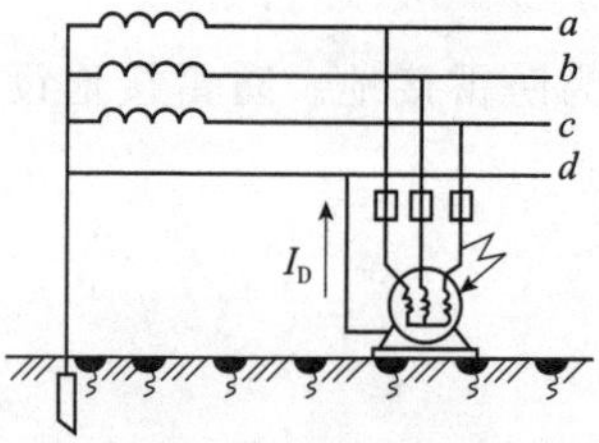

图 11-11　保护接零原理图

因此,在 380/220V 三相四线制中性点直接接地的电网中,凡因绝缘损坏而可能呈现对地电压的金属部分均应接零。

对采用接零保护的电气设备,当其带电部分碰壳时,短路电流经过相线和零线形成回路,此时设备的对地电压等于中性点对地电压和单相短路电流在零线中产生电压降的相量和,显然,零线阻抗的大小直接影响到设备对地电压,而这个电压往往比安全电压高出很多。为了改善这种情况,在设备接零处再加一接地装置,可以降低设备碰壳时的对地电压,这种接地称为重复接地。

重复接地的另一重要作用是当零线断裂时减轻触电危险。图 11-12、图 11-13分别表示无重复接地时零线断线的危险和有重复接地时零线断线的情况。但是,尽管有重复接地,零线断裂的情况还是要避免的。

重复接地有下列好处：

(1)当零线断裂时能起到保护作用。

(2)能使设备碰壳时短路电流增大，加速线路保护装置的动作。

(3)降低零线中的电压损失。

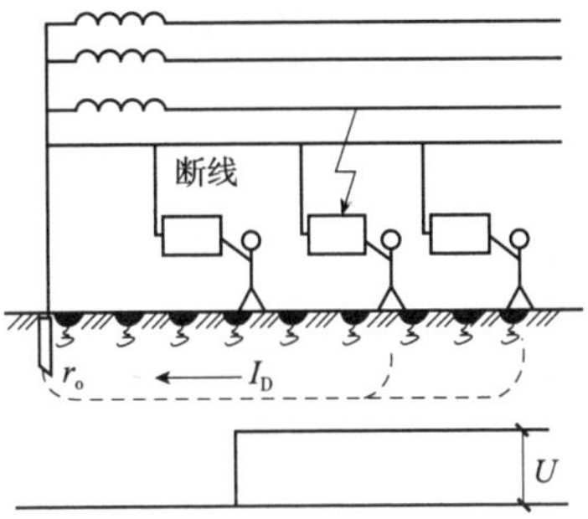

图 11-12　无重复接地时零线断线的危险

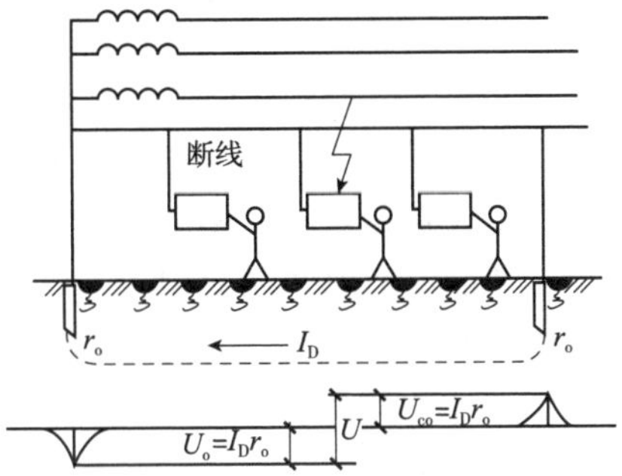

图 11-13　有重复接地时零线断线的情况

采用保护接零应注意下列问题：

(1)保护接零只能用在中性点直接接地的系统中。

若在中性点对地绝缘的电网中采用保护接零，则在一相碰地时故障电流会通过设备和人体回到零线而形成回路，故障电流不大，线路保护装置不会动作，此时，人受到威胁，而且使所有接零设备都处于危险状态。

(2)在接零系统中不能一些设备接零，而另一些设备接地。在接零系统中，若某设备只采取了接地措施而未接零，则当该设备发生碰壳时，故障电流通过该设备的接地电阻和中性点接地电阻而构成回路，电流不一定会很大，线路保护设备可能不会动作，这样就会使故障长时间存在(如图 11-14 所示)。这时，除了接触该设备的人有触电危险外，由于零线对地电压升高，使所有与接零设备接触的人都有触电危险。因而，这种情况是不允许的。

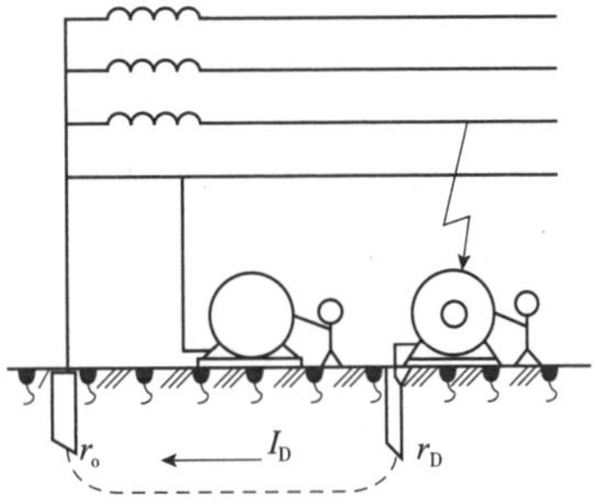

图 11-14　个别设备不接零的危险

如果把该设备的外壳再同电网的零线连接起来，就能满足安全要求了。这时，该设备的接地成了系统的重复接地，对安全是有益无害的。这里再重申一下，禁止在一个系统中同时采用接地制和接零制。

(3)保护零线上不得装设开关或熔断器。

由于断开保护零线会使接零设备呈现危险的对地电压，因此禁止在保护零线上装设开关或熔断器。

四、接地接零保护系统基本要求

国际电工委员会将电力系统的接地形式分为IT、TT和TN三类，这些字母分别有其不同的含义。

第一个字母为I时，表示电力系统中性点不接地或经过高阻抗接地，第一个字母为T时，表示电力系统中性点直接接地。

第二个字母为T时，表示电力设备外露可导电部分(指正常时不带电的电气设备金属外壳)与大地作直接电气连接，第二个字母为N时，表示电气设备外露可导电部分与电力系统中性点作直接电气连接。

从上面的分类可以看出IT系统就是接地保护系统，TT系统就是将电气设备的金属外壳作接地保护的系统，而TN系统就是将电气设备的金属外壳作接零保护的系统。

1. IT系统

IT系统是指在中性点不接地或经过高阻抗接地的电力系统中，用电设备的外露可导电部分经过各自的PE线(保护接地线)接地，如图11-15所示。

在IT系统中，由于各用电设备的保护接地PE线彼此分开，经过各自的接地电阻接地，因此只要有效地控制各设备的接地电阻在允许范围内，就能有效地防止人身触电事故的发生。同时各PE线由于彼此分开而没有干扰，其电磁适应性也较强。但当任何一相发生故障接地时，大地即作为相线工作，系统仍能继续运行，此时如另一相又接地，则会形成相间短路，造成危险。因而在IT系统中必须设置漏电保护器，以便在发生单相接地时切断电路，及时处理。

2. TT系统

TT系统是指在电源(变压器)中性点直接接地的电力系统中，电气设备的外露可导电部分，通过各自的PE线直接接地的保护系统，如图11-16所示。

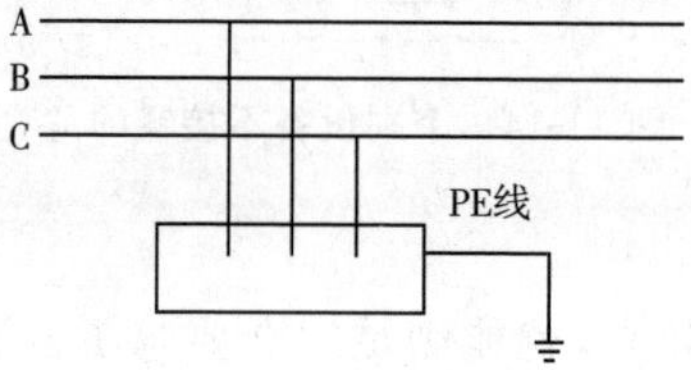

图11-15　IT系统

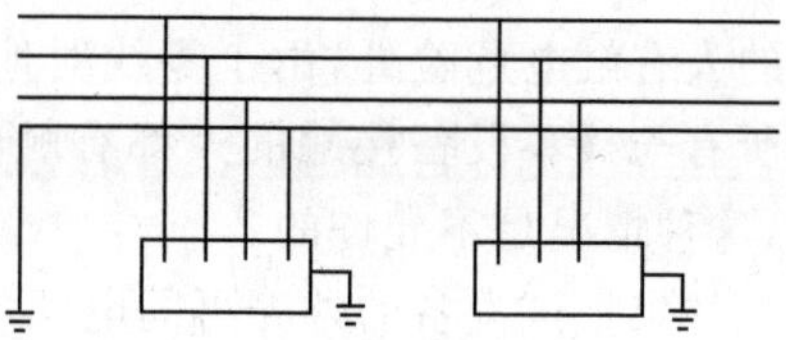

图11-16　TT系统

由于在TT系统中电力系统直接接地，用电设备通过各自的PE线接地，因而在发生某一相接地故障时，故障电流取决于电力系统的接地电阻和PE线的接地电阻，故障电流往往不足以使电力系统中的保护装置切断电源，这样故障电流就会在设备的外露可导电部分呈现危险的对地电压。如果在环境条件比较差的场所使用这种保护系统的话，很可能达不到漏电保护的目的。另外，TT 保护系统还需要系统中每一个用电设备都通过自己的接地装置接地，施工工程量也较大，所以在施工现场不宜采用 TT 保护系统。

3. TN 系统

TN 系统是指在中性点直接接地的电力系统中，将电气设备的外露可导电部分直接接零的保护系统。根据中性线（工作零线）和保护线（保护零线）的配置情况，TN 系统又可分为 TN—C 系统、TN—S 系统和 TN—C—S 系统。

（1）TN—C 系统

在 TN 系统中，将电气设备的外露可导电部分直接与中性线相连以实现接零，就构成了 TN—C 系统。在 TN—C 系统中，中性线（工作零线）和保护线（保护零线）是合二为一的，称为保护中性线，用符号 PEN 表示，如图 11-17 所示。

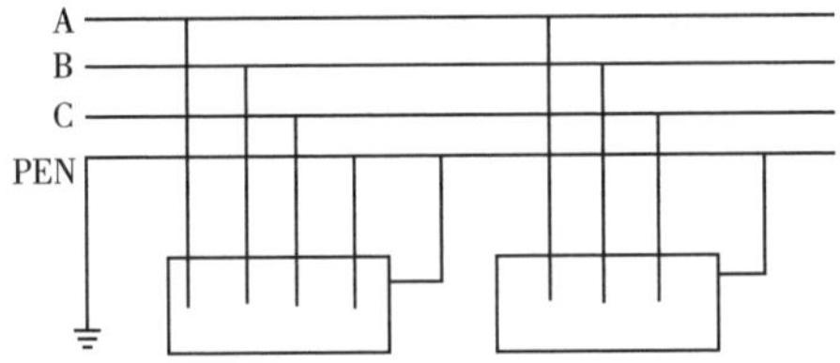

图 11-17　TN—C 系统

TN—C 系统由三根相线 A、B、C 和一根保护中性线 PEN 构成，因而又称四线制系统。由于工作零线和保护零线合并为保护中性线 PEN，当系统三相不平衡或仅有单相用电设备时，PEN 线上就流有电流，呈现对地电压，导致保护接零的所有用电设备外壳带电，带电的电压值等于故障电流在电力系统接地电阻上产生的电压降加上在保护中性线上产生的电压降，如果电力系统接地电阻足够小，还需要保护中性线的电阻足够小，才能保证接零设备外壳的对地电压不超过危险值，这就需要选择足够大截面的保护中性线以降低其电阻值。这样操作起来不仅不经济，而且也不一定就能保证外壳的对地电压不超过安全电压。况且在施工现场因为操作环境条件的恶劣或其他原因，很有可能使保护中性线断裂，一旦保护中性线断裂，所有断裂点以后的接零设备的外壳都将呈现危险的对地电压，因而在施工现场不得采用 TN—C 系统。

（2）TN—S 系统

在 TN—S 系统中，从电源中性点起设置一根专用保护零线，使工作零线和保护零线分别设置，电气设备的外露可导电部分直接与保护零线相连以实现接零，这样就构成了 TN—S 系统，如图 11-18 所示。

TN—S 系统由三根相线 A、B、C、一根工作零线 N 和一根保护零线 PE 构成，所以又称为五线制系统。在 TN—S 系统中，用电设备的外露可导电部分接

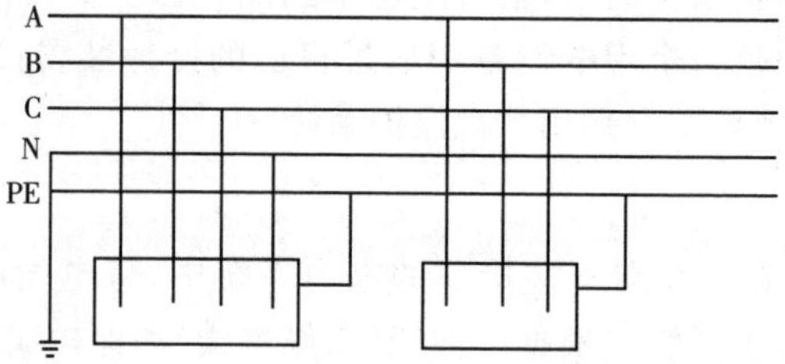

图 11-18　TN—S 系统

到 PE 线上，由于 PE 线和 N 线分别设置，在正常工作时即使出现三相不平衡的情况或仅有单相用电设备，PE 线上也不呈现电流，因此设备的外露可导电部分也不呈现对地电压。同时因仅有电力系统一点接地，在出现漏电事故时也容易切断电源，因而 TN—S 系统既没有 TT 系统那种不容易切断故障电流，每台设备需分别设置接地装置等的缺陷，也没有 TN—C 系统的接零设备外壳容易呈现对地电压的缺陷，安全可靠性高，多使用在环境条件比较差的地方。因此建设部规范中规定在施工现场专用的中性点直接接地的电力线路中必须采用 TN—S 接零系统。

(3)TN—C—S 系统

在 TN—C 系统的末端将保护中性线 PEN 线分为工作零线 N 和保护零线 PE，即构成了 TN—C—S 系统，如图 11-19 所示。

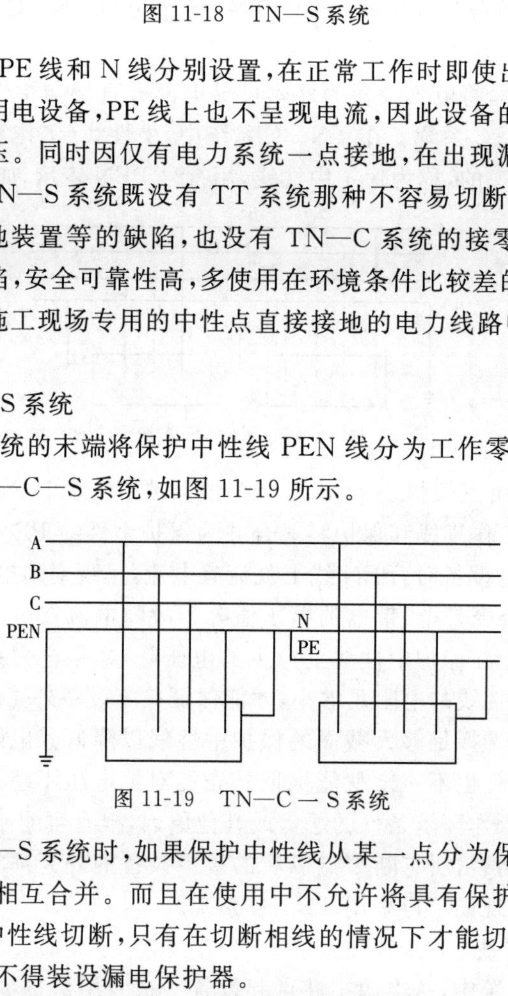

图 11-19　TN—C — S 系统

采用 TN—C—S 系统时，如果保护中性线从某一点分为保护零线和工作零线后，就不允许再相互合并。而且在使用中不允许将具有保护零线和工作零线两种功能的保护中性线切断，只有在切断相线的情况下才能切断保护中性线，同时，保护中性线上不得装设漏电保护器。

五、常用设备、设施的接地、接零基本要求

1. 中性点直接接地的电力系统

对于中性点直接接地的电力系统，施工现场的接地保护系统必须采用

TN—S 系统保护接零。要达到上述要求，具体的接线方式如下：

(1)总配电箱(配电室)的电网进线采用三相四线(相线 A、B、C 和工作零线 N)时，在总配电箱(配电室)内设置工作零线 N 接线端子和保护零线 PE 接线端子，引入的工作零线 N 在总配电箱(配电室)内作重复接地，接地电阻不得大于 4Ω，用连接导体连接工作零线 N 接线端子和保护零线 PE 接线端子。

(2)总配电箱(配电室)的出线采用三相五线(相线 A、B、C、工作零线 N 和保护零线 PE)时，出线连接到分配电箱，分配电箱内也分别设置工作零线 N 接线端子和保护零线 PE 接线端子，但不得在两者之间作任何电气连接，分配电箱到各开关箱的连接接线要视开关箱的电压等级而定，如果是 380V 开关箱，需要四芯线连接(相线 A、B、C 和保护零线 PE)，如果是 220V 开关箱则只需三芯线连接(一根相线，一根工作零线 N 和一根保护零线 PE)，如果是 380/220V 开关箱就需要五芯线连接(相线 A、B、C、工作零线 N 和保护零线 PE)，如图 11-20 所示。

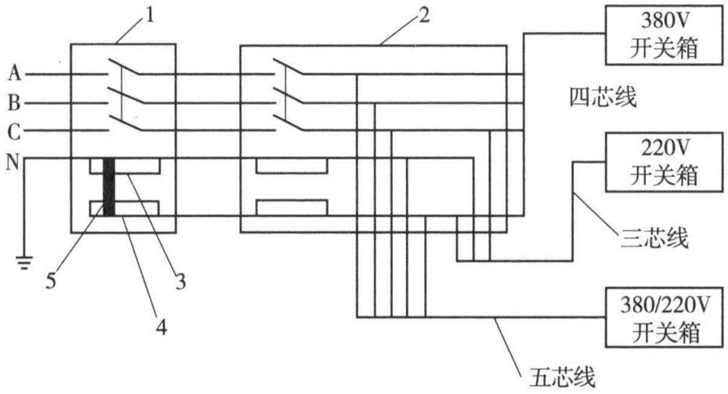

图 11-20　中线点直接接地的接线方式

1—总配电箱；2—分配电箱；3—工作零线接线端子；4—保护零线接线端子；5—连接导体

对于采用 TN—S 系统，应符合下列要求：

(1)保护零线严禁通过任何开关和熔断器。

(2)保护零线作为接零保护的专用线使用，不得挪作他用。

(3)保护零线除了在总配电箱的电源侧零线引出外，在其他任何地方都不得与工作零线作电气连接。

(4)保护零线严禁穿过漏电保护器，工作零线必须穿过漏电保护器。

(5)电箱内应设工作零线 N 和保护零线 PE 两块端子板，保护零线端子板应与金属电箱相连，工作零线端子板应与金属电箱绝缘。

(6)保护零线的截面积不得小于工作零线的截面积，同时必须满足机械强度要求。

(7)保护零线的统一标志为黄/绿双色线，在任何情况下不得将其作为负荷线使用。

(8)重复接地必须接在保护零线上，工作零线上不得作重复接地，因为工作零线作重复接地，漏电保护器会出现错误动作。

(9)保护零线除了在总配电箱处作重复接地以外，还必须在配电线路的中间和末端作重复接地，在一个施工现场，重复接地不能少于三处，配电线路越长，重复接地的作用越明显。

(10)在设备比较集中的地方，如搅拌机棚、钢筋作业区等应做一组重复接地，在高大设备处如塔式起重机、施工升降机、物料提升机等也必须作重复接地。

2. 中性点对地绝缘或经高阻抗接地的电力系统

对于中性点对地绝缘或经高阻抗接地的电力系统，必须采用IT系统保护接地。而接地方式只需对上述方法稍作改动就能满足IT系统的要求，即在总配电箱，将工作零线N接线端子和保护零线PE接线端子之间的连接导体拆除，再将保护零线PE接线端子接地即可。

3. 电子设备接地

(1)电子设备应同时具有信号电路接地(信号地)、电源接地和保护接地等三种接地系统。

(2)电子设备信号电路接地系统的形式，可以由接地导体长度和电子设备的工作频率来进行确定，并且应符合下列规定：

1)当接地导体长度小于或等于0.02λ(λ为波长)，频率为30kHz及以下时，宜采用单点接地形式，信号电路可以采用一点作电位参考点，再将该点连接至接地系统。

采用单点接地形式时，宜先将电子设备的信号电路接地、电源接地和保护接地分开敷设的接地导体接至电源室的接地总端子板，再将端子板上的信号电路接地、电源接地和保护接地接在一起，采用一点式(S形)接地。

2)当接地导体长度大于0.02λ、频率大于300kHz时，宜采用多点接地形式；信号电路应采用多条导电通路与接地网或等电位面连接。

多点接地形式宜将信号电路接地、电源接地和保护接地接在一个公用的环状接地母线上，采用多点式(M形)接地。

3)混合式接地是单点接地和多点接地的组合，频率为30～300kHz时，宜设置一个等电位接地平面，以满足高频信号多点接地的要求，再以单点接地形式连接到同一接地网，以满足低频信号的接地要求。

接地系统的接地导体长度不得等于λ/4或λ/4的奇数倍。

(3)除另有规定外，电子设备接地电阻值不宜大于4Ω。电子设备接地宜与防雷接地系统共用接地网，接地电阻不应大于1Ω。

当电子设备接地与防雷接地系统分开时，两接地网的距离不宜小于10m。

(4)电子设备可根据需要采取屏蔽措施。

4. 电子计算机接地

大、中型电子计算机接地系统应符合下列规定：

(1)电子计算机应同时具有信号电路接地、交流电源功能接地和安全保护接地三种接地系统。

该三种接地的接地电阻值均不宜大于4Ω。电子计算机的信号系统，不宜采用悬浮接地。

(2)电子计算机的三种接地系统宜共用接地网。

当采用共用接地方式时，其接地电阻应以诸种接地系统中要求接地电阻最小的接地电阻值为依据。当与防雷接地系统共用时，接地电阻值不应大于1Ω。

(3)计算机系统接地导体的处理应满足下列要求：

1)计算机信号电路接地不得与交流电源的功能接地导体相短接或混接。

2)交流线路配线不得与信号电路接地导体紧贴或近距离地平行敷设。

(4)电子计算机房可根据需要采取防静电措施。

第五节　等电位联结

等电位联结是将建筑物中各电气装置和其他装置外露的金属及可导电部分与人工或自然接地体用导体连接起来，以达到减少电位差的目的。

一、总等电位联结(MEB)

总等电位联结作用于全建筑物，在一定程度上可降低建筑物内间接接触电击的接触电压和不同金属部件间的电位差，并消除自建筑物外经电气线路和各种金属管道引入的危险故障电压的危害。它应通过进线配电箱近旁的接地母排(总等电位联结端子板)将下列可导电部分互相连通：

(1)进线配电箱的PE(PEN)母排。

(2)公用设施的金属管道，如上、下水，热力，燃气等管道。

(3)建筑物金属结构。

(4)如果设置有人工接地，也包括其接地极引线。

在建筑物的每一电源进线处，一般设有总等电位联结端子板，由总等电位联结端子板与进入建筑物的金属管道和金属结构构件进行连接。

需要注意的是，在与煤气管道作等电位联结时，应采取措施将管道处于建筑物内、外的部分隔离开，以防止将煤气管道作为电流的散流通道(即接地极)，并且防止雷电流在煤气管道内产生火花，在此隔离两端应跨接火花放电间隙。

二、辅助等电位联结

将两导电部分用导线直接作等电位联结，使故障接触电压降至接触电压限值以下，称作辅助等电位联结。在下列情况下需做辅助等电位联结：

（1）电源网络阻抗过大，使自动切断电源时间过长，不能满足防电击要求时。

（2）自 TN 系统同一配电箱供给固定式和移动式两种电气设备，而固定式设备保护电器切断电源时间不能满足移动式设备防电击要求时。

（3）需满足浴室、游泳池、医院手术室等场所对防电击的特殊要求时。

三、局部等电位联结（LEB）

当需要在局部场所范围内作多个辅助等电位联结时，可通过局部等电位联结端子板将下列部分互相连通，以简便地实现该局部范围内的多个辅助等电位联结，称作局部等电位联结。

当需要在局部场所范围内作多个辅助等电位联结时，可通过局部等电位联结端子板将下列部分互相连通，以简便地实现该局部范围内的多个辅助等电位联结，称作局部等电位联结。

（1）PE 母线或 PE 干线。

（2）公用设施的金属管道。

（3）建筑物金属结构。

局部等电位联结一般用于浴室、游泳池、医院手术室等场所，发生电气事故的危险性较大，要求更低的接触电压，在这些局部范围需要多个辅助等电位联结才能达到要求，这种联结称之为局部等电位联结。一般局部等电位联结也有一个端子板或者成环形。简单地说，局部等电位联结可以看成是在局部范围内的总等电位联结。

需要注意的是，如果浴室内原无 PE 线，浴室内局部等电位联结不得与浴室外的 PE 线相连，因为 PE 线有可能因别处的故障而带电位，反而能引入别处电位。如果浴室内有 PE 线，浴室内的局部等电位联结必须与该 PE 线相连。

第六节　安 全 用 电

人身触电是经常发生的一种电气事故，它会造成人员死亡或伤害，而且电伤的部位很难愈合。所以必须要做好人身触电预防并懂得触电救护知识。电流对人的危害程度与通过的电流大小、持续时间、电压高低、频率以及通过人体的途径、人体电阻状况和人的身体健康状况等有密切关系。

一、人体触电形式

人体触电形式一般有直接接触触电、跨步电压触电、接触电压触电等几种类型。

1. 人体与带电体直接接触触电

人体直接碰到带电导体造成的触电，称之为直接接触触电。如果人体直接碰到电气设备或电力线路中一相带电导体，或者与高压系统中一相带电导体的距离小于该电压的放电距离而造成对人体放电，这时电流将通过人体流入大地，这种触电称为单相触电，如图 11-21 所示。如果人体同时接触电气设备或电力线路中两相带电导体，或者在高压系统中，人体同时过分靠近两相带电导体而发生电弧放电，则电流将从一相导体通过人体流入另一相导体，这种触电现象称为两相触电，如图 11-22 所示。显然，发生两相触电危害就更严重，因为这时作用于人体的电压是线电压。对于 380V 的线电压，人体发生两相触电时，流过人体的电流为 268mA，这样大的电流只要经过约 0.186s，人就会死亡。

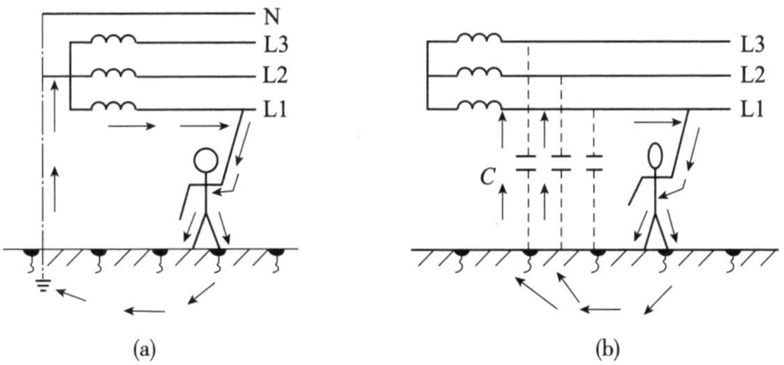

图 11-21　单相触电示意图

(a)中性点接地系统的触电；(b)中性点不接地系统的触电

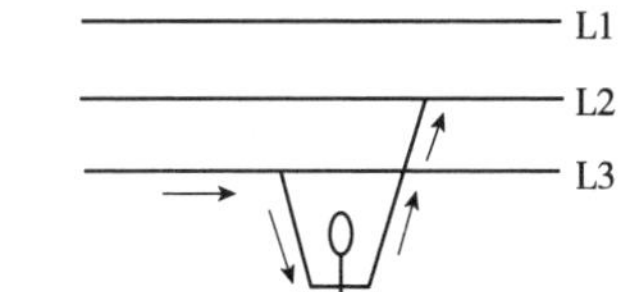

图 11-22　两相触电示意图

设备不停电时的安全距离，见表 11-2。

表 11-2　设备不停电时的安全距离

电压等级/kV	安全距离/m	电压等级/kV	安全距离/m	电压等级/kV	安全距离/m
10 及以下（包括 13.8）	0.70	60～110	1.50	330	4.00
20～35	1.00	220	3.00	500	5.00

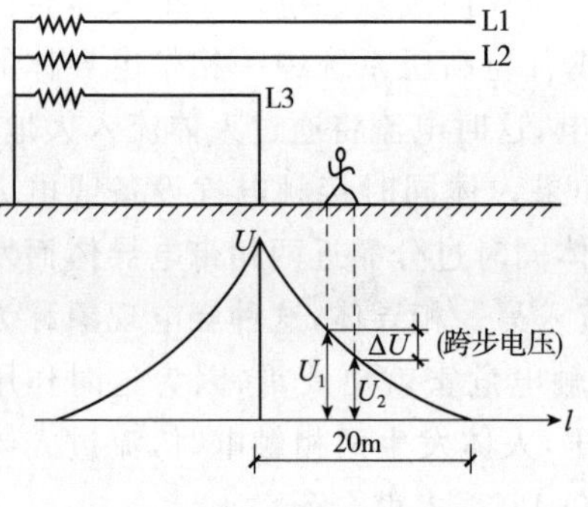

图 11-23　跨步电压触电示意图

2. 跨步电压触电

当电气设备或线路发生接地故障时，接地电流从接地点向大地四周流散，这时在地面上形成分布电位。要在 20m 以外，大地电位才等于零。离接地点越近，大地电位越高。人假如在接地点周围（20m 以内）行走，其两脚之间就有电位差，这就是跨步电压。由跨步电压引起的人体触电，称为跨步电压触电，如图11-23所示。

3. 接触电压触电

电气设备的金属外壳，本不应该带电，但由于设备使用时间长久，内部绝缘老化，造成击穿碰壳；或由于安装不良，造成设备的带电部分碰到金属外壳；或其他原因也可造成电气设备金属外壳带电。人若碰到带电外壳，就会发生触电事故，这种触电称为接触电压触电。接触电压是指人站在带电外壳旁（水平方向 0.8m 处），人手触及带电外壳时，其手、脚之间承受的电位差。

二、防止触电措施

预防人体触电要技术、管理和教育并重。只要工作到位，就能把人体触电事故降到最低限度。

1. 技术措施

技术措施包括接零或接地保护、安装漏电保护器、使用安全电压等。

在某些场合使用安全电压是预防人体触电的积极有效的办法。所谓安全电压是指对人体不致造成生命危害的电压，但这不是绝对的。因为触电伤亡的因素很多。

安全电压是根据人体电阻和人体的安全电流（摆脱电流）决定的，由于人体电阻不是一个很确定的量以及其他原因，各国规定的安全电压值差别较大。如美国为 40V，法国交流为 24V、直流为 50V，波兰、瑞士为 50V。我国规定，在没有高度触电危险的建筑物中为 65V，有高度触电危险的建筑物中为 36V，在有特别触电危险的建筑物中为 12V。

无高度触电危险的建筑物是指干燥温暖、无导电粉尘的建筑物。室内地板是由非导电性材料（如木板、沥青、瓷砖等）制成。室内金属构架、机械设备不多，金属占有系数（金属品所占的面积与建筑面积之比）小于 20%。如仪表装配大楼、实验室、纺织车间、陶瓷车间、住宅和公共场所等。

有高度触电危险的建筑物是指潮湿炎热、高温和有导电粉尘的建筑物，一般金属占有系数大于 20%。地坪用导电性材料（如泥土、砖块、湿木板、水泥和金属块）做成。如金工车间、锻工车间、拉丝车间、电炉车间、室内外变电所、水泵房、压缩站等。潮湿的建筑工地有高度触电危险。

有特别触电危险的建筑物是指特别潮湿、有腐蚀性气体、煤尘或游离性气体的建筑物。如铸工车间、锅炉房、酸洗和电镀车间、化工车间等。地下施工工地（包括隧道）有特别触电危险。

安全电压有时是用降压变压器把高压降低后获得的。这时应采用双圈变压器，不能用自耦变压器。变压器的初级、次级均要装熔断器，变压器的外壳和隔离层要接地，如没有隔离层、次级的一端应接地，以免线圈的绝缘损坏时初级的高压窜入次级。

2. 管理措施

这里仅仅分析触电事故的规律，供安全用电管理人员参考。

(1)触电人群的规律

1)文化水平低的人多，由于文化水平低，导致安全知识少、安全意识差，具体行动表现为随意触摸导线、设备、乱拉线、乱接用电设备、盲目带电作业、超负荷用电等。

2)中青年人多，与电打交道的多是中青年人，其中一些人无安全意识，有了一点零星的电工常识就盲目动手，自然容易触电。

3)直接用电操作者多，如电气设备操作者、电工等。

(2)触电场所的规律

1)农村多于城市：农村是城市的 6 倍，主要原因是农村的用电条件差，群众的文化水平低导致缺乏安全用电知识，技术人员少，水平低，管理不严。

2)建设工程施工现场触电事故较多：主要原因是移动式设备多，电动工具多，潮湿、高温，人员文化水平普遍不高，管理难度大。

(3)触电天气的规律

1)有明显的季节性：6～9 月份最多。在此期间，由于天气潮湿，电气设备的绝缘性差，人体多汗，人体电阻大大降低，天气炎热，操作人员的防护差，农村临时用电处增加等原因，导致触电事故较多。

2)恶劣天气事故多，如打雷、狂风、暴雨天气。

(4)触电自身的规律

1)低压触电多于高压触电：低压触电占触电事故总数的90%以上。主要因为低压电网比高压电网的覆盖面广，用电设备多，关联的人多；人们对高压比低压电的警惕性较高，设防较严密；低压触电电流超过摆脱电流之后，触电人不能摆脱，而高压触电多属于电弧触电，当触电者还没有触及导体时电弧已经形成，只要电弧不是很强烈，人能够自主摆脱。

2)单相触电高于三相触电：单相触电事故占70%以上。

(5)触电部位的规律。事故多发生在电气连接部位：如分支线，接户线、地爬线、接线端子、压接头、焊接头、电缆头、灯头、插头、插座、控制器、接触器、熔断器等。

(6)触电设备的规律

1)移动式电气设备和手持电动工具触电事故多：主要原因是使用环境恶劣、经常拆线接线、绝缘易磨损等。

2)“带病工作”的设备和线路事故多。

3)假冒伪劣产品和工程事故多。

(7)触电原因多样性规律。90%以上的事故有两个以上的原因。

(8)触电心理规律。违反安全用电的规定并不一定会发生事故，不少抱有这种侥幸心理，明知故犯，出了事故懊悔不已。

(9)触电事故与规章制度关系的规律。绝大多数事故都是因为违反了有关规范、标准、规程、制度造成的。

(10)触电事故与安全管理关系的规律。用电安全管理差，发生触电事故是必然的，不发生只是偶然的。

3. 教育措施

这里只提出几条用电注意事项，供向有关大众宣传教育时参考。

(1)积极不断地学习安全用电知识。

(2)严格遵守用电规章制度，不要有侥幸心理。

(3)使用移动和手持电动工具时要按规定使用安全用具(如绝缘手套)，认真检查用具是否完好，做好保护接零或接地和安装漏电保护器。

(4)在施工工地上，不要随意触摸导线、乱动设备，要和供电线路保持规定的距离，运输物品时注意不要触及电线甚至辗坏、刮断电线，不要在电杆及其拉线旁挖坑取土、防止倒杆断电，遇到雷雨天应进入有避雷装置的室内躲雨，不要在树下、墙角处躲雨。

(5)发现电气设备起火或因漏电引起的其他物体着火,要立即拉开电源开关,并及时救火、报警。

(6)发现电线断开落地时不要靠近,对6k～10kV的高压线路应离开落地点8～10m远,并及时报告。

(7)发现有人触电时,首先设法切断电源或让人体脱离电线,然后及时抢救和报告。不要赤手直接去拉人体,防止连带触电。

(8)使用照明装置时,不要用湿手去摸灯口、开关、插座等,更换灯泡时要先关闭开关,然后站在干燥的绝缘物上进行,严禁将插座与搬把开关靠近装设,严禁在床上装设开关,严禁灯泡靠近易燃物,严禁用灯泡烘烤物品等。

(9)使用家用电器时要按要求接地(或接零)。移动电器时要断开电源。要注意不断检查电器的电源线是否完好。

(10)不要乱拉电线,乱接用电设备超负荷用电,更不准用“一线一地”方式接灯照明,不要在电力线路附近放风筝,不要在电线上晒衣服,不要把金属丝缠绕在电线上。

第七节　电气火灾与电气爆炸

电气火灾和爆炸事故是指由于电气原因引起的火灾和爆炸事故。它在火灾和爆炸事故中占有很大比例。与其他火灾相比,电气火灾具有火灾火势凶猛、蔓延迅速的一面,燃烧的电气设备或线路可能还带电、充油的电气设备可能随时会喷油或爆炸等特点。电气火灾和爆炸会引起停电损坏设备和人身触电等事故,对国家和人民生命财产会造成很大损失。因此,防止电气火灾和爆炸事故,以及掌握正确补救方法非常重要。

一、电气火灾和爆炸的原因

电气火灾和爆炸的原因,除了设备缺陷或安装不当等设计、制造和施工方面的原因外,在运行中,电流的热量和电火花或电弧等都是电气火灾和爆炸的直接原因。

1. 电气设备过热

引起电气设备过热主要有短路、过负荷、接触不良、铁心过热和散热不良等原因。

2. 电火花和电弧

电火花、电弧的温度很高,特别是电弧,温度可高达6000℃。这么高的温度不仅能引起可燃物燃烧,还能使金属熔化、飞溅,构成危险的火源。在有爆炸危险的场所，电火花和电弧更是十分危险的因素。电气设备本身就会发生爆炸，例如变压器、油断路器、电力电容器、电压互感器等充油设备。电气设备周围空间在下列情况下也会引起爆炸。

(1)周围空间有爆炸性混合物，当遇到电火花或电弧时就可能引起爆炸。

(2)充油设备的绝缘油在电弧作用下分解和汽化，喷出大量油雾和可燃性气体，遇到电火花、电弧时或环境温度达到危险温度时可能发生火灾和爆炸事故。

(3)氢冷发电机等设备，如发生氢气泄漏，形成爆炸性混合物，当遇到电火花、电弧或环境温度达到危险温度时也会引起爆炸和火灾事故。

实践证明，当爆炸性气体或粉尘的浓度达到一定数值时，普通电话机中的微小电火花就可能引起爆炸。我国已经发生了在油库内使用移动电话(手机)导致油库爆炸的恶性事件。可见，防止电气爆炸要慎之又慎。

二、防治火灾和爆炸的措施

从上面分析可知，发生电气火灾和爆炸的原因可以概括为两条，即现场有可燃易爆物质和现场有引燃引爆的条件。所以应从这两方面采取防范措施，防止电气火灾和爆炸事故发生。

1. 排除可燃易爆物质

(1)保持良好通风，使现场可燃易爆气体、粉尘和纤维浓度降低到不致引起火灾和爆炸的限度内。

(2)加强密封，减少和防止可燃易爆物质泄漏。有可燃易爆物质的生产设备、贮存容器、管道接头和阀门应严加密封，并经常巡视检测。

2. 排除电气火源

应严格按照防火规程的要求来选择、布置和安装电气装置。对运行中可能产生电火花、电弧和高温危险的电气设备和装置，不应放置在易燃易爆的危险场所。在易燃易爆危险场所安装的电气设备应采用密封的防爆电器。另外，在易燃易爆场所应尽量避免使用携带式电气设备。

在容易发生爆炸和火灾危险的场所内，电力线路的绝缘导线和电缆的额定电压不得低于电网的额定电压，低压供电线路不应低于500V。要使用铜芯绝缘线，导线连接应保证接触良好、可靠，应尽量避免接头。工作零线的截面和绝缘应与相线相同，并应敷设在同一护套或管子内。导线应采用阻燃型导线(或阻燃型电缆)并穿管敷设。

在突然停电有可能引起电气火灾和爆炸危险的场所，应有两路以上的电源供电，几路电源能自动切换。

在容易发生爆炸危险场所的电气设备的金属外壳应可靠接地(或接零)。

在运行管理中要加强对电气设备维护、监督，防止发生电气事故。

三、电气火灾的扑救

电气火灾的危害很大，因此要坚决贯彻“预防为主”的方针。万一发生电气火灾时，必须迅速采取正确有效措施，及时扑灭电气火灾。

1. 断电灭火

当电气装置或设备发生火灾或引燃附近可燃物时，首先要切断电源。室外高压线路或杆上配电变压器起火时，应立即打电话与供电部门联系拉断电源；室内电气装置或设备发生火灾时应尽快拉掉开关切断电源，并及时正确选用灭火器进行扑救。

断电灭火时应注意下列事项：

(1)断电时，应按规程所规定的程序进行操作，严防带负荷拉隔离开关(刀闸)。在火场内的开关和闸刀，由于烟熏火烤，其绝缘可能降低或损坏，因此，操作时应戴绝缘手套、穿绝缘靴，并使用相应电压等级的绝缘工具。

(2)紧急切断电源时，切断地点选择适当，防止切断电源后影响扑救工作的进行。切断带电线路导线时，切断点应选择在电源侧的支持物附近，以防导线断落后触及人身、短路或引起跨步电压触电。切断低压导线时应分相并在不同部位剪断，剪的时候应使用有绝缘手柄的电工钳。

(3)夜间发生电气火灾，切断电源时，应考虑临时照明，以利扑救。

(4)需要电力部门切断电源时，应迅速用电话联系，说清情况。

2. 带电灭火

发生电气火灾时应首先考虑断电灭火，因为断电后火势可减小下来，同时扑救比较安全。但有时在危急情况下，如果等切断电源后再进行补救，会延误时机，使火势蔓延，扩大燃烧面积，或者断电会严重影响生产，这时就必须在确保灭火人员安全的情况下，进行带电灭火。带电灭火一般限在 10kV 及以下电气设备上进行。

带电灭火很重要的一条就是正确选用灭火器材。绝对不准使用泡沫灭火剂对有电的设备进行灭火，一定要用不导电的灭火剂灭火，如二氧化碳、四氯化碳、二氟一氯一溴甲烷(简称“1211”)和化学干粉等灭火剂。带电灭火时，为防止发生人身触电事故，必须注意以下几点：

(1)扑救人员及所使用的灭火器材与带电部分必须保持足够的安全距离。水枪喷嘴至带电体(110kV 以下)的距离不小于 3m。灭火机的喷嘴和带电体的距离，10kV 不小于 0.4m，35kV 不小于 0.6m，并应戴绝缘手套。

(2)不准使用导电灭火剂(如泡沫灭火剂、喷射水流等)对有电设备进行灭火。

(3)使用水枪带电灭火时，扑救人员应穿绝缘靴、戴绝缘手套并应将水枪金属喷嘴接地，防止电通过水流，伤害人体。

(4)在灭火中电气设备发生故障，如电线断落在地上，局部地区会形成跨步电压，在这种情况下，扑救人员必须穿绝缘靴(鞋)。

(5)扑救架空线路的火灾时，人体与带电导线之间的仰角不应大于45°并应站在线路外侧，以防导线断落触及人体发生触电事故。

(6)易燃易爆物的处理。

在火灾现场中，下列设备和物品易造成火灾扩大甚至爆炸：油浸电力变压器、多油断路器、氧气瓶、乙炔气瓶、油漆桶、油漆稀料桶、煤气罐等。甚至喷洒驱蚊药之类的瓶罐也会发生爆炸。宜采取下述措施：将设备中的油放入事故储油池，优先灭火，重点灭火，搬离火场。油火不能用水喷灭，以防火灾蔓延。

第十二章　建筑施工现场临时用电设计

第一节　临时用电管理

一、临时用电的特点

(1)临时性强。项目交工后,临时用电设施马上拆除。

(2)用电量变化大。建筑施工在不同阶段的用电量差别很大。基础施工阶段用电量比较少,在主体施工阶段用电量比较大,在建筑装修和收尾阶段用电量少。

(3)安全条件差。施工现场有许多工种交叉作业,到处有水泥砂浆运输和灌注,建筑材料的垂直运输和水平运输随时有触碰供电线路的可能。尤其是在地下室施工,一般都潮湿、看不清东西。

(4)安全性变化快。随着施工的进行,供电前端不断延伸、发展,昨天某处还没有电,今天该处就可能有电了,因此搬运材料、走路都应注意。

(5)电引线不牢固。电源引入线受许多限制,正因为是临时供电,不可能像永久性建筑引用线那样坚固和安全。

二、建筑施工临时用电施工组织设计

施工现场临时用电设备在 5 台及以上或设备总容量在 50kW 及以上者,应编制临时用电施工组织设计。施工现场临时用电施工组织设计应包括的内容如下:

(1)现场勘测。

(2)确定电源进线、变电所或配电室、配电装置、用电设备位置及线路走向。

(3)进行负荷计算。

(4)选择变压器。

(5)设计配电系统:

1)设计配电线路,选择导线或电缆。

2)设计配电装置，选择电器。

3)设计接地装置。

4)绘制临时用电工程图纸，主要包括用电工程总平面图、配电装置布置图、配电系统接线图、接地装置设计图。

(6)设计防雷装置。

(7)确定防护措施。

(8)制定安全用电措施和电气防火措施。

临时用电工程图纸应单独绘制，作为临时用电施工的依据。临时用电施工组织设计及变更时，必须履行“编制、审核、批准”程序，由电气工程技术人员组织编制，经相关部门审核及具有法人资格企业的技术负责人批准后实施。变更用电组织设计时应补充有关图纸资料。临时用电工程必须经编制、审核、批准部门和使用单位共同验收，合格后方可投入使用。

施工现场临时用电设备在5台以下和设备总容量在50kW以下者，应制定安全用电和电气防火措施，并应符合上述要求。

三、电工及用电人员

电工必须经过按国家现行标准考核合格后，持证上岗工作；其他用电人员必须通过相关安全教育培训和技术交底，考核合格后方可上岗工作。安装、巡检、维修或拆除临时用电设备和线路，必须由电工完成，并应有人监护。电工等级应同工程的难易程度和技术复杂性相适应。各类用电人员应掌握安全用电基本知识和所用设备的性能，并应符合下列规定：

(1)使用电气设备前必须按规定穿戴和配备好相应的劳动防护用品，并应检查电气装置和保护设施，严禁设备带“缺陷”运转。

(2)保管和维护所用设备，发现问题及时报告解决。

(3)暂时停用设备的开关箱必须分断电源隔离开关，并应关门上锁。

(4)移动电气设备时，必须经电工切断电源并做妥善处理后进行。

四、建筑施工临时用电安全技术档案

1. 安全技术档案的主要内容

(1)用电组织设计的全部资料。

(2)修改用电组织设计的资料。

(3)用电技术交底资料。

(4)用电工程检查验收表。

(5)电气设备的试、检验凭单和调试记录。

(6)接地电阻、绝缘电阻和漏电保护器漏电动作参数测定记录表。

(7)定期检(复)查表。

(8)电工安装、巡检、维修、拆除工作记录。

2. 安全技术档案的建立与管理

安全技术档案应由主管该现场的电气技术人员负责建立与管理。其中"电工安装、巡检、维修、拆除工作记录"可指定电工代管,每周由项目经理审核认可,并应在临时用电工程拆除后统一归档。临时用电工程应定期检查。定期检查时,应复查接地电阻值和绝缘电阻值。临时用电工程定期检查应按分部、分项工程进行,对安全隐患必须及时处理,并应履行复查验收手续。

第二节 变压器、配电室及自备电源的要求

一、变压器容量的选择

《施工现场临时用电安全技术规范》JGJ 46—2005 第 1.0.3 条规定:

建筑施工现场临时用电工程专用的电源中性点直接接地的 220/380V 三相四线制低压电力系统,必须符合下列规定:

(1)采用三级配电系统。

(2)采用 TN－S 接零保护系统。

(3)采用二级漏电保护系统。

实际施工中,常采用架空线五线供电的形式,也可以用五芯电缆。如果用四芯电缆,则需另敷设一根保护线。借用建设单位(甲方)的或是其他外供电源时,可参考以下方法确定容量。

(1)借用的是 TN－S 方式供电系统时,照用即可。

(2)借用的是 TN－C 方式供电系统时,在现场总配电箱处作一组重复接地,从中性线端子板分出一根保护线,形成 TN－C－S 系统。

(3)借用的是 TT 方式供电系统时,在现场总配电箱处设一组保护接地,同时从总箱内引出一根专用保护线至各用电点,保护线可以用单芯电缆或用 40mm×40mm 扁钢。

施工工程用电设计的内容主要有:电力变压器容量的计算选择、电源位置的确定、各路供电干线的布局及其导线截面的计算,绘制供电平面图。

首先估算施工现场的用电量,然后确定变压器的容量。变压器的容量应满足施工用电所需的视在功率。施工用电主要是动力用电,而照明用电较少,有时按动力用电的 10%估算,通常忽略不计,或统计在动力设备容量中依下式计算:

$$S_N = K_d \sum P_N / \cos\phi \qquad (12\text{-}1)$$

式中：S_N——动力设备需要的总容量(kVA)；

$\sum P_N$——电动机铭牌机械功率的总和(kW)；

$\cos\phi$——各用电设备的平均功率因数；

K_d——需要因数，它的含义是因电动机不一定同时使用，也不一定同时满载，所以需要打一个折扣，称为需要系数，见表12-1。

表12-1　建筑施工用电设备的功率因数和需要系数

用电设备名称	用电设备数目	需要因数	功率因数	用电设备名称	用电设备数目	需要因数	功率因数
混凝土搅拌机、砂浆搅拌机	10以下 10～30 30以上	0.7 0.6 0.5	0.68 0.65 0.5	提升机、起重机、掘土机	10以下 10以上	0.3 0.2	0.7 0.65
				电焊机	10以下 10以上	0.45 0.35	0.45 0.4
破碎机、筛、空气压缩机、输送机	10以下 10～50 50以上	0.75 0.7 0.65	0.75 0.7 0.65	户外照明	—	1	1
				除仓库外的户内照明	—	0.8	1
				仓库照明	—	0.35	1

二、配电室及自备电源

1. 对配电室场所的要求

配电室应靠近电源，并应设在灰尘少、潮气少、振动小、无腐蚀介质、无易燃易爆物及道路畅通的地方。配电室和控制室应能自然通风，并应采取防止雨雪侵入和动物进入的措施。配电室应保持整洁，不得堆放任何妨碍操作、维修的杂物。

2. 配电柜的布置

成列的配电柜和控制柜两端应与重复接地线及保护零线做电气连接。配电室的布置应符合下列要求：

(1)配电柜正面的操作通道宽度，单列布置或双列背对背布置不小于1.5m，双列面对面布置不小于2m。

(2)配电柜后面的维护通道宽度，单列布置或双列面对面布置不小于0.8m，双列背对背布置不小于1.5m，个别地点有建筑物结构凸出的地方，则此点通道宽度可减少0.2m。

(3)配电柜侧面的维护通道宽度不小于 1m。

(4)配电室的顶棚与地面的距离不低于 3m。

(5)配电室内设置值班或检修室时,该室边缘距配电柜的水平距离大于 1m,并采取屏障隔离。

(6)配电室内的裸母线与地面垂直距离小于 2.5m 时,采用遮栏隔离,遮栏下面通道的高度不小于 1.9m。

(7)配电室围栏上端与其正上方带电部分的净距不小于 0.075m。

(8)配电装置的上端距棚不小于 0.5m。

(9)配电室内的母线涂刷有色油漆,以标志相序;以柜正面方向为基准,其涂色符合表 12-2 规定。

表 12-2　母线涂色

相别	颜色	垂直排列	水平排列	引下排列
L_1(A)	黄	上	后	左
L_2(B)	绿	中	中	中
L_3(C)	红	下	前	右
N	淡蓝	—	—	—

(10)配电室的建筑物和构筑物的耐火等级不低于 3 级,室内配置砂箱和可用于扑灭电气火灾的灭火器。

(11)配电室的门向外开,并配锁。

(12)配电室的照明分别设置正常照明和事故照明。

配电柜应装设电度表,并应装设电流、电压表。电流表与计费电度表不得共用一组电流互感器。配电柜还应装设电源隔离开关及短路、过载、漏电保护电器。电源隔离开关分断时应有明显可见分断点。配电柜或配电线路停电维修时,应挂接地线,并应悬挂“禁止合闸、有人工作”停电标志牌。停送电必须由专人负责。配电柜应编号、并应有用途标记。

第三节　临时用电配电箱及开关箱

在建筑工地临时用电系统中,配电箱和开关箱使用频繁,也经常会出现故障。采取可靠的安全措施,具有重要意义。

一、配电箱及开关箱的设置

配电系统应设置配电柜或总配电箱、分配电箱、开关箱,实行三级配电。配电系统宜使三相负荷平衡。220V 或 380V 单相用电设备宜接入 220/380V 三相四线系统；当单相照明线路电流大于 30A 时，宜采用 220/380V 三相四线制供电。室内配电柜的设置应符合本章第二节中配电室的有关规定。

1. 对配电箱及开关箱的位置及场所要求

总配电箱以下可设若干分配电箱；分配电箱以下可设若干开关箱。总配电箱应设在靠近电源的区域。分配电箱应设在用电设备或负荷相对集中的区域，与开关箱的距离不得超过 30m，开关箱与其控制的固定式用电设备的水平距离不宜超过 3m。

配电箱、开关箱应装设在干燥、通风及常温场所，不得装设在有严重损伤作用的瓦斯、烟气、潮气及其他有害介质中，亦不得装设在易受外来固体物撞击、强烈振动、液体浸溅及热源烘烤场所。否则，应予清除或做防护处理。

配电箱、开关箱周围应有足够 2 人同时工作的空间和通道，不得堆放任何妨碍操作、维修的物品，不得有灌木、杂草。

2. 配电箱与开关箱用途的单一性

每台用电设备必须有各自专用的开关箱，严禁用同一个开关箱直接控制 2 台及 2 台以上用电设备(含插座)。动力配电箱与照明配电箱宜分别设置。当合并设置为同一配电箱时，动力和照明应分路配电；动力开关箱与照明开关箱必须分设。

3. 配电箱与开关箱的材料要求

配电箱、开关箱应采用冷轧钢板或阻燃绝缘材料制作，钢板厚度应为 1.2～2.0mm，其中开关箱箱体钢板厚度不得小于 1.2mm，配电箱箱体钢板厚度不得小于 1.5mm，箱体表面应做防腐处理。

4. 配电箱与开关箱安装及连线要求

(1)配电箱、开关箱应装设端正、牢固。固定式配电箱、开关箱的中心点与地面的垂直距离应为 1.4～1.6m。移动式配电箱、开关箱应装设在坚固、稳定的支架上。其中心点与地面的垂直距离宜为 0.8～1.6m。

(2)配电箱、开关箱内的电器(含插座)应先安装在金属或非木质阻燃绝缘电器安装板上，然后方可整体紧固在配电箱、开关箱箱体内。金属电器安装板与金属箱体应做电气连接。

(3)配电箱、开关箱内的电器(含插座)应按其规定位置紧固在电器安装板上，不得歪斜和松动。

(4)配电箱的电器安装板上必须分设 N 线端子板和 PE 线端子板。N 线端子板必须与金属电安装板绝缘；PE 线端子板必须与金属电器安装板做电气连接。

进出线中的N线必须通过N线端子板连接；PE线必须通过PE线端子板连接。

（5）配电箱、开关箱内的连接线必须采用铜芯绝缘导线。导线分支接头不得采用和螺栓压接，应采用焊接并做绝缘包扎，不得有外露带电部分。绝缘导线排列整齐，并且其颜色标志必须符合以下规定：相线 L_1（A）、L_2（B）、L_3（C）相序的绝缘颜色依次为黄、绿、红色；N线的绝缘颜色为淡蓝色；PE线的绝缘颜色为绿/黄双色。任何情况下上述颜色标记严禁混用和互相代用。

（6）配电箱、开关箱的金属箱体、金属电器安装板以及电器正常不带电的金属底座、外壳等必须通过PE线端子板与PE线做电气连接，金属箱门与金属箱必须通过采用编织软铜线做电气连接。

5. 配电箱、开关箱的其他要求

（1）配电箱、开关箱的箱体尺寸应与箱内电器的数量和尺寸相适应，箱内电器安装板板面电器安装尺寸可按照表12-3确定。

表12-3　配电箱、开关箱内电器安装尺寸选择值

间距名称	最小净距（mm）
并列电器（含单极熔断器）间	30
电器进、出线瓷管（塑胶管）孔与电器边沿间	15A，30 20～30A，50 60A及以上，80
上、下排电器进出线瓷管（塑胶管）孔间	25
电器进、出线瓷管（塑胶管）孔至板边	40
电器至板边	40

（2）配电箱、开关箱中导线的进线口和出线口应设在箱体的下底面。

（3）配电箱、开关箱的进、出线口应配置固定线卡，进出线应加绝缘护套并成束卡在箱体上，不得与箱体直接接触。移动式配电箱、开关箱的进、出线应采用橡皮护套绝缘电缆，不得有接头。

（4）配电箱、开关箱外形结构应能防雨、防尘。

二、配电箱和开关箱内电器装置的选择

（1）配电箱、开关箱内的电器必须可靠、完好，严禁使用破损、不合格的电器，电源进线端严禁采用插头和插座做活动连接。总配电箱的电器应具备电源隔离，正常接通与分断电路，以及短路、过载、漏电保护功能。电器设置应符合下列原则：

1)当总路设置总漏电保护器时,还应装设总隔离开关、分路隔离开关以及总断路器、分路断路器或总熔断器、分路熔断器。当所设总漏电保护器是同时具备短路、过载、漏电保护功能的漏电断路器时,可不设总断路器或总熔断器。

2)当各分路设置分路漏电保护器时,还应装设总隔离开关、分路隔离开关以及总断路器、分路断路器或总熔断器、分路熔断器。当分路所设漏电保护器是同时具备短路、过载、漏电保护功能的漏电断路器时,可不设分路断路器或分路熔断器。

3)隔离开关应设置于电源进线端,应采用分断时具有可见分断点,并能同时断开电源所有极的隔离电器。如采用分断时具有可见分断点的断路器,可不另设隔离开关。

4)熔断器应选用具有可靠灭弧分断功能的产品。

5)总开关电器的额定值、动作整定应与分路开关电器的额定值、动作整定值相适应。

(2)分配电箱应装设总隔离开关、分路隔离开关以及总断路器、分路断路器或总熔断器、分路熔断器,其设置和选择应符合上述要求。总配电箱应装设电压表、总电流表、电度表及其他需要的仪表。专用电能计量仪表的装设应符合当地供用电管理部门的要求。装设电流互感器时,其二次回路必须与保护零线有一个连接点,且严禁断开电路。

(3)开关箱必须装设隔离开关、断路器或熔断器,以及漏电保护器。当漏电保护器是同时具有短路、过载、漏电保护功能的漏电断路器时,可不装设断路或熔断器。隔离开关应采用分断时具有可见分断点,能同时断开电源所有极的隔离电器,并应设置于电源进线端。当断路器是具有可见分断点时,可不另设隔离开关。

(4)开关箱中的隔离开关只可直接控制照明电路和容量不大于3.0kW的动力电路,但不应频繁操作。容量大于3.0kW的动力电路应采用断路器控制,操作频繁时还应附设接触器或其他启动控制装置。

(5)开关箱中各种开关电器的额定值和动作整定值应与其控制用电设备的额定值和特性相适应。

(6)漏电保护器应装设在总配电箱、开关箱靠近负荷的一侧,且不得用于启动电气设备的操作。漏电保护器的选择应符合现行国家标准《剩余电流动作保护器的一般要求》GB 6829和《漏电保护器安装和运行的要求》GB 13955的规定。开关箱中漏电保护器的额定漏电动作电流不应大于30mA,额定漏电动作时间不应大于0.1s。使用于潮湿或有腐蚀介质场所的漏电保护器应采用防溅型产品,其额定漏电动作电流不应大于15mA,额定漏电动作时间不应大于

0.1s。总配电箱中漏电保护器的额定漏电动作电流应大于30mA，额定漏电动作时间应大于0.1s，但其额定漏电动作电流与额定漏电动作时间的乘积不应大于30mA·s。总配电箱和开关箱中漏电保护器的极数和线数必须与其负荷侧负荷的相数和线数一致。配电箱、开关箱中的漏电保护器宜选用无辅助电源型（电磁式）产品，或选用辅助电源故障时能自动断开的辅助电源型（电子式）产品。当选用辅助电源故障时不能自动断开的辅助电源型（电子式）产品时，应同时设置缺相保护。漏电保护器应按产品说明书安装、使用。对搁置已久重新使用或连续使用的漏电保护器应逐月检测其特性，发现问题应及时修理或更换。

漏电保护器的正确使用接线方法应按图12-1选用。

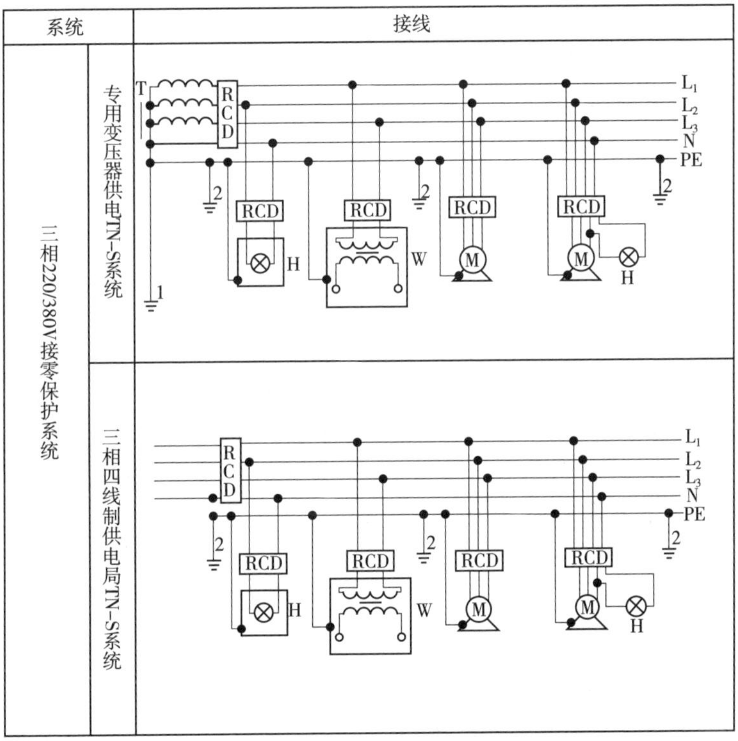

图12-1　漏电保护器使用接线方法示意

L_1、L_2、L_3—相线；N—工作零线；PE—保护零线、保护线；1—工作接地；2—重复接地；T—变压器；RCD—漏电保护器；H—照明器；W—电焊机；M—电动机

三、配电箱和开关箱的使用与维护

配电箱和开关箱应有名称、用途、分路标记及系统接线图。箱门应配锁，并

应由专人负责。应定期检查、维修。检查、维修人员必须是专业电工。检查、维修时必须按规定穿、戴绝缘鞋、手套，必须使用电工绝缘工具，并应做检查、维修工作记录。维修、检查时，必须将其前一级相应的电源隔离开关分闸断电，并悬挂“禁止合闸、有人工作”停电标志牌，严禁带电作业。

配电箱、开关箱必须按照下列顺序操作（紧急情况除外）：

送电操作顺序为：总配电箱→分配电箱→开关箱。

停电操作顺序为：开关箱→分配电箱→总配电箱。

施工现场停止作业 1 小时以上时，应将动力开关箱断电上锁。箱内不得放置任何杂物，并应保持整洁。箱内不得随意挂接其他用电设备。箱内的电器配置和接线严禁随意改动。

熔断器的熔体更换时，严禁采用不符合原规格的熔体代替。漏电保护器每天使用前应启动漏电试验按钮试跳一次，试跳不正常时，严禁继续使用。配电箱、开关箱的进线和出线严禁承受外力，严禁与金属尖锐断口、强腐蚀介质和易燃易爆物接触。

第四节　施工临时用电配电线路

一、架空线路

架空线必须用绝缘导线，必须架设在专用电杆上，严禁架设在树木、脚手架及其他设施上。架空线导线截面的选择应符合下列要求：

(1)导线中的计算负荷电流不大于其长期连续负荷允许载流量。

(2)线路末端电压偏移不大于其额定电压的 5%。

(3)三相四线制线路的 N 线和 PE 线截面不小于相线截面的 50%，单相线路的零线截面与相线截面相同。

(4)按机械强度要求，绝缘铜线截面不小于 $10mm^2$，绝缘铝线截面不小于 $16mm^2$。

(5)在跨越铁路、公路、河流、电力线路档距内，绝缘铜线截面不小于 $16mm^2$。绝缘铝线截面不小于 $25mm^2$。

架空线路相序排列：动力、照明线在同一横担上架设时，导线相序排列是：面向负荷从左侧起依次为 L_1、N、L_2、L_3、PE；动力、照明线在二层横担上分别架设时，导线相序排列是：上层横担面向负荷从左侧起依为 L_1、L_2、L_3；下层横担面向负荷从左侧起依次为 L_1(L_2、L_3)、N、PE。

架空线在一个档距内，每层导线的接头数不得超过该层导线条数的 50%，且一条导线应只有一个接头。在跨越铁路、公路、河流、电力线路档距内，架空线不得有接头。

架空线路的档距不得大于35m，线间距不得小于0.3m，靠近电杆的两导线的间距不得小于0.5m。横担间的最小垂直距离不得小于表12-4所列数值；横担宜采用角钢或方木，低压铁横担角钢应按表12-5选用，方木横担截面应按80mm×80mm选用；横担长度应按表12-6选用。架空线路与邻近线路或固定物的距离应符合表12-7的规定。架空线路宜采用钢筋混凝土杆或木杆。钢筋混凝土杆不得有露筋、宽度大于0.4mm的裂纹和扭曲；木杆不得腐朽，其梢径不应小于140mm。电杆埋设深度宜为杆长的1/10加0.6m，回填土应分层夯实。在松软土质处宜加大埋入深度或采用卡盘等加固。直线杆和15°以下的转角杆，可采用单横担单绝缘子，但跨越机动车道时应采用单横担双绝缘子；15°～45°的转角杆应采用双横担双绝缘子；45°以上的转角杆，应采用十字横担。

表12-4　横担间的最小垂直距离(m)

排列方式	直线杆	分支或转角杆
高压与低压	1.2	1.0
低压与低压	0.6	0.3

表12-5　低压铁横担角钢选用

导线截面(mm^2)	直线杆	分支或转角杆	
		二线及三线	四线及以上
16 25 35 50	L50×5	2×L50×5	2×L63×5
70 95 120	L63×5	2×L63×5	2×L70×6

表12-6　横担长度选用

横担长度(m)		
二线	三线、四线	五线
0.7	1.5	1.8

表 12-7　架空线路与邻近线路或固定物的距离

<table>
<tr><td>项目</td><td colspan="7">距离类别</td></tr>
<tr><td rowspan="2">最小净空距离(m)</td><td colspan="2">架空线路的过引线、接下线与邻线</td><td colspan="2">架空线与架空线电杆外缘</td><td colspan="3">架空线与摆动最大时树梢</td></tr>
<tr><td colspan="2">0.13</td><td colspan="2">0.05</td><td colspan="3">0.50</td></tr>
<tr><td rowspan="3">最小垂直距离(m)</td><td rowspan="2">架空线同杆架设下方的通信、广播线路</td><td colspan="3">架空线最大弧垂与地面</td><td rowspan="2">架空线最大弧垂与暂设工程顶端</td><td colspan="2">架空线与邻近电力线路交叉</td></tr>
<tr><td>施工现场</td><td>机动车道</td><td>铁路轨道</td><td>1kV 以下</td><td>1k～10kV</td></tr>
<tr><td>1.0</td><td>4.0</td><td>6.0</td><td>7.5</td><td>2.5</td><td>1.2</td><td>2.5</td></tr>
<tr><td rowspan="2">最小水平距离(m)</td><td colspan="2">架空线电杆与路基边缘</td><td colspan="2">架空线电杆与铁路轨道边缘</td><td colspan="3">架空线边线与建筑物凸出部分</td></tr>
<tr><td colspan="2">1.0</td><td colspan="2">杆高(m)+3.0</td><td colspan="3">1.0</td></tr>
</table>

架空线路必须有短路保护。采用熔断器做短路保护时，其熔体额定电流不应大于明敷绝缘导线长期连续负荷允许载流量的 1.5 倍。采用断路器做短路保护时，其瞬动过流脱扣器脱扣电流整定值应小于线路末端单相短路电流。

架空线路必须有过载保护。采用熔断器或断路器做过载保护时，绝缘导线长期连续负荷允许载流量不应小于熔断器熔体额定电流或断路器长延时过流脱扣器脱扣电流整定值的 1.25 倍。

电杆埋设深度宜为杆长的 1/10 加 0.6m，回填土应分层夯实。在松软土质处宜加大埋入深度或采用卡盘等加固。直线杆和 15°以下的转角杆，可采用单横担单绝缘子，但跨越机动车道时应采用单横担双绝缘子；15°～45°的转角杆应采用双横担双绝缘子；45°以上的转角杆，应采用十字横担。

电杆的拉线宜采用不少于 3 根 D 4.0mm 的镀锌钢丝。拉线与电杆的夹角应在 30°～45°之间。拉线埋设深度不得小于 1m。电杆拉线如从导线之间穿过，应在高于地面 2.5m 处装设拉线绝缘子。

因受地表环境限制不能装设拉线时，可采用撑杆代替拉线，撑杆埋设深度不得小于 0.8m，其底部应垫底盘或石块。撑杆与电杆的夹角宜为 30°。接户线在档距内不得有接头，进线处离地高度不得小于 2.5m。接户线最小截面应符合表 12-8 规定。接户线线间及与邻近线路间的距离应符合表 12-9 的要求。

表 12-8　接户线的最小截面

接户线架设方式	接户线长度(m)	接户线截面(mm^2)	
		铜线	铝线
架空或沿墙敷设	10～25	6.0	10.0
	≤10	4.0	6.0

表 12-9　接户线线间及与邻近线路间的距离

接户线架设方式	接户线档距(m)	接户线线间距离(mm)
架空敷设	≤25	150
	>25	200
沿墙敷设	≤6	100
	>6	150
架空接户线与广播电话线交叉时的距离(mm)		接户线在上部,600 接户线在下部,300
架空或沿墙敷设的接户线零线和相线交叉时的距离(mm)		100

二、电缆线路

电缆中必须包含全部工作芯线和用作保护零线或保护线的芯线。需要三相四线制配电的电缆线路必须采用五芯电缆。五芯电缆必须包含淡蓝、绿/黄二种颜色绝缘芯线。淡蓝色芯线必须用作 N 线;绿/黄双色芯线必须用作 PE 线,严禁混用。

电缆截面的选择应符合前文中架空线导线截面的选择要求中的(1)～(4)的规定,根据其长期连续负荷允许载流量和允许电压偏移确定。

电缆线路应采用埋地或架空敷设,严禁沿地面明设,并应避免机械损伤和介质腐蚀。埋地电缆路径应设方位标志。电缆类型应根据敷设方式、环境条件选择。埋地敷设宜选用铠装电缆;当选用无铠装电缆时,应能防水、防腐。架空敷设宜选用无铠装电缆。电缆直接埋地敷设的深度不应小于 0.7m,并应在电缆紧邻上、下、左、右侧均匀敷设不小于 50mm 厚的细砂,然后覆盖砖或混凝土板等硬质保护层。

埋地电缆在穿越建筑物、构筑物、道路、易受机械损伤、介质腐蚀场所及引出地面从 2.0m 高到地下 0.2m 处,必须加设防护套管,防护套管内径不应小于电缆外径的 1.5 倍。埋地电缆与其附近外电电缆和管沟的平行间距不得小于 2m,

交叉间距不得小于 1m。埋地电缆的接头应设在地面上的接线盒内，接线盒应能防水、防尘、防机械损伤，并应远离易燃、易爆、易腐蚀场所。

架空电缆应沿电杆、支架或墙壁敷设，并采用绝缘子固定，绑扎线必须采用绝缘线，固定点间距应保证电缆能承受自重所带来的荷载，敷设高度应符合相关要求，但沿墙壁敷设时最大弧垂距地不得小于 2.0m。架空电缆严禁沿脚手架、树木或其他设施敷设。在建工程内的电缆线路必须采用电缆埋地引入，严禁穿越脚手架引入。电缆垂直敷设应充分利用在建工程的竖井、垂直孔洞等，并宜靠近用电负荷中心，固定点每楼层不得少于一处。电缆水平敷设宜沿墙或门口刚性固定，最大弧垂距地不得小于 2.0m。

装饰装修工程或其他特殊阶段，应补充编制单项施工用电方案。电源线可沿墙角、地面敷设，但应采取防机械损伤和电火措施。

电缆线路必须有短路保护和过载保护，短路保护和过载保护电器与电缆的选配应符合前文中有关架空线路短路保护和过载保护的内容。

第五节　临时用电接地与防雷

一、一般规定

在施工现场专用变压器的供电的 TN－S 接零保护系统中，电气设备的金属外壳必须与保护零线连接。保护零线应由工作接地线、配电室（总配电箱）电源侧零线或总漏电保护器电源侧零线处引出（图 12-2）。

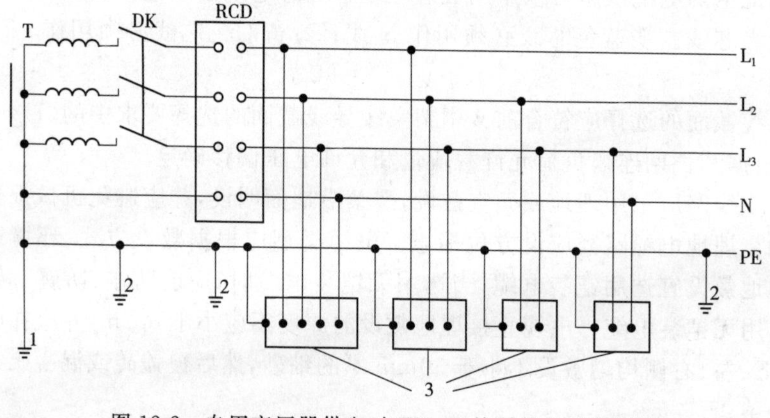

图 12-2　专用变压器供电时 TN－S 接零保护系统示意

1—工作接地；2—PE 线重复接地；3—电气设备金属外壳（正常不带电的外露可导电部分）；L_1、L_2、L_3—相线；N—工作零线；PE—保护零线；DK—总电源隔离开关；RCD—总漏电保护器（兼有短路、过载、漏电保护功能的漏电断路器）；T—变压器当施工现场与外电线路共用同一供电系统时，电气设备的接地、接零保护应与原系统保护一致。不得一部分设备做保护接零，另一部分设备做保护接地。采用TN系统做保护接零时，工作零线（N线）必须通过总漏电保护器，保护零线（PE线）必须由电源进线零线重复接地处或总漏电保护器电源侧零线处，引出形成局部TN－S接零保护系统（图12-3）。

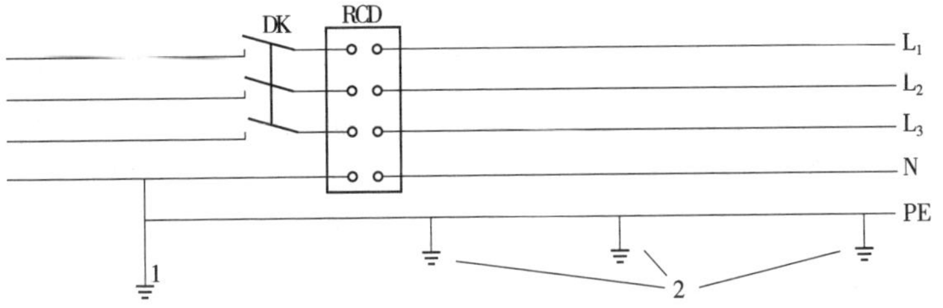

图12-3　三相四线供电时局部TN－S接零保护系统保护零线引出示意

1—NPE线重复接地；2—PE线重复接地；L_1、L_2、L_3—相线；N—工作零线；PE—保护零线；DK—总电源隔离开关；RCD—总漏电保护器（兼有短路、过载、漏电保护功能的漏电断路器）

在TN接零保护系统中，通过总漏电保护器的工作零线与保护零线之间不得再做电气连接。PE零线应单独敷设。重复接地线必须与PE线相连接，严禁与N线相连接。

使用一次侧由50V以上电压的接零保护系统供电，二次侧为50V及以下电压的安全隔离变压器时，二次侧不得接地，并应将二次线路用绝缘管保护或采用橡皮护套软线。当采用普通隔离变压器时，其二次侧一端应接地，且变压器正常不带电的外露可导电部分应与一次回路保护零线相连接。

以上变压器尚应采取防直接接触带电体的保护措施。

施工现场的临时用电电力系统严禁利用大地做相线或零线。接地装置的设置应考虑土壤干燥或冻结等季节变化的影响，并应符合表12-10的规定。防雷装置的冲击接地电阻值只考虑在雷雨季节中土壤干燥状态的影响。

表12-10　接地装置的季节系数

埋深（m）	水平接地体	长2～3m的垂直接地体
0.5	1.4～1.8	1.2～1.4
0.8～1.0	1.25～1.45	1.15～1.3
2.5～3.0	1.0～1.1	1.0～1.1

注：大地比较干燥时，取表中较小值；比较潮湿时，取表中较大值。

PE线所用材质与相线、工作零线（N线）相同时，其最小截面应符合表12-11的规定。

表 12-11　PE 线截面与相线截面的关系

相线芯线截面 $S(mm^2)$	PE 线最小截面(mm^2)
$S \leqslant 16$	S
$16 < S \leqslant 35$	16
$S > 35$	$S/2$

保护零线必须采用绝缘导线。配电装置和电动机械相连接的 PE 线应为截面不小于 $2.5mm^2$ 的绝缘多股铜线。手持式电动工具的 PE 线应为截面不小于 $1.5mm^2$ 的绝缘多股铜线。PE 线上严禁装设开关或熔断器，严禁通过工作电流，且严禁断线。相线、N 线、PE 线的颜色标记必须符合以下规定：相线 L_1(A)、L_2(B)、L_3(C)相序的绝缘颜色依次为黄、绿、红色；N 线的绝缘颜色为淡蓝色；PE 线的绝缘颜色为绿/黄双色。任何情况下上述颜色标记严禁混用和互相代用。

二、保护接零

(1)在 TN 系统中，下列电气设备不带电的外露可导电部分应做保护接零：

1)电机、变压器、电器、照明器具、手持式电动工具的金属外壳。

2)电气设备传动装置的金属部件。

3)配电柜与控制柜的金属框架。

4)配电装置的金属箱体、框架及靠近带电部分的金属围栏和金属门。

5)电力线路的金属保护管、敷线的钢索、起重机的底座和轨道、滑升模板金属操作平台等。

6)安装在电力线路杆(塔)上的开关、电容器等电气装置的金属外壳及支架。

(2)城防、人防、隧道等潮湿或条件特别恶劣施工现场的电气设备必须采用保护接零。

(3)在 TN 系统中，下列电气设备不带电的外露可导电部分，可不做保护接零：

1)在木质、沥青等不良导电地坪的干燥房间内，交流电压 380V 及以下的电气装置金属外壳(当维修人员可能同时触及电气设备金属外壳和接地金属物件时除外)。

2)安装在配电柜、控制柜金属框架和配电箱的金属箱体上，且与其可靠电气连接的电气测量仪表、电流互感器、电器的金属外壳。

三、接地与接地电阻

单台容量超过 100kVA 或使用同一接地装置并联运行且总容量超过 100kVA 的电力变压器或发电机的工作接地电阻值不得大于 4Ω。单台容量不超过 100kVA 或使用同一接地装置并联运行且总容量不超过 100kVA 的电力变压器或发电机的工作接地电阻值不得大于 10Ω。在土壤电阻率大于 1000Ω·m 的地区，当达到上述接地电阻值有困难时，工作接地电阻值可提高到 30Ω。

TN 系统中，严禁将单独敷设的工作零线再做重复接地，保护零线除必须在配电室或总配电箱处做重复接地外，还必须在配电系统的中间处和末端处做重复接地。保护零线每一处重复接地装置的接地电阻值不应大于 10Ω。在工作接地电阻值允许达到 10Ω 的电力系统中，所有重复接地的等效电阻值不应大于 10Ω。

每一接地装置的接地线应采用 2 根及以上导体，在不同点与接地体做电气连接。不得采用铝导体做接地体或地下接地线。垂直接地体宜采用角钢、钢管或光面圆钢，不得采用螺纹钢。接地可利用自然接地体，但应保证其电气连接和热稳定。

在有静电的施工现场内，对集聚在机械设备上的静电应采取接地泄漏措施。每组专设的静电接地体的接地电阻值不应大于 100Ω，高土壤电阻率地区不应大于 1000Ω。

移动式发电机供电的用电设备，其金属外壳或底座应与发电机电源的接地装置有可靠的电气连接。移动式发电机系统接地应符合电力变压器系统接地的要求。下列情况可不另做保护接零：移动式发电机和用电设备固定在同一金属支架上，且不供给其他设备用电时；不超过 2 台的用电设备由专用的移动式发电机供电，供、用电设备间距不超过 50m，且供、用电设备的金属外壳之间有可靠的电气连接时。

四、防雷

在土壤电阻率低于 200Ω·m 区域的电杆可不另设防雷接地装置，但在配电室的架空进线或出线处应将绝缘子铁脚与配电室的接地装置相连接。施工现场内的起重机、井字架、龙门架等机械设备，以及钢脚手架和正在施工的在建工程等的金属结构，当在相邻建筑物、构筑物等设施的防雷装置接闪器的保护范围以外时，应按表 12-12 规定装防雷装置。

表 12-12　施工现场内机械设备及高架设施需安装防雷装置的规定

地区年平均雷暴日(d)	机械设备高度(m)
≤15	≥50
>15，<40	≥32
≥40，<90	≥20
≥90 及雷害特别严重地区	≥12

当最高机械设备上避雷针(接闪器)的保护范围能覆盖其他设备,且又最后退出于现场,则其他设备可不设防雷装置。机械设备或设施的防雷引下线可利用该设备或设施的金属结构体,但应保证电气连接。

机械设备上的避雷针(接闪器)长度应为1～2m。塔式起重机可不另设避雷针(接闪器)。安装避雷针(接闪器)的机械设备,所有固定的动力、控制、照明、信号及通信线路,宜采用钢管敷设。钢管与该机械设备的金属结构体应做电气连接。

施工现场内所有防雷装置的冲击接地电阻值不得大于30Ω。做防雷接地机械上的电气设备,所连接的PE线必须同时做重复接地,同一台机械电气设备的重复接地和机械的防雷接地可共用同一接地体,但接地电阻应符合重复接地电阻值的要求。

第六节 电动建筑机械和手持式电动工具

一、一般规定

施工现场中电动建筑机械和手持式电动工具的选购、使用、检查和维修应遵守下列规定:

(1)选购的电动建筑机械、手持式电动工具及其用电安全装置符合相应的国家现行有关强制性标准的规定,且具有产品合格证和使用说明书。

(2)建立和执行专人专机负责制,并定期检查和维修保养。

(3)接地符合第前文相关要求,运行时产生振动的设备的金属基座、外壳与PE线的连接点不少于2处。

(4)漏电保护符合前文有关要求。

(5)按使用说明书使用、检查、维修。

塔式起重机、外用电梯、滑升模板的金属操作平台及需要设置避雷装置的物料提升机,除应连接PE线外,还应做重复接地。设备的金属结构构件之间应保证电气连接。

手持式电动工具中的塑料外壳Ⅱ类工具和一般场所手持式电动工具中的Ⅲ类工具可不连接PE线。电动建筑机械和手持式电动工具的负荷线应按其计算负荷选用无接头的橡皮护套铜芯软电缆,其性能应符合现行国家标准《额定电压450/750V及以下橡皮绝缘电缆》GB 5013—2008中第1部分(一般要求)和第4部分(软线和软电缆)的要求。

电缆芯线数应根据负荷及其控制电器的相数和线数确定:三相四线时,应选用五芯电缆；三相三线时，应选用四芯电缆；当三相用电设备中配置有单相用电器具时，应选用五芯电缆；单相二线时，应选用三芯电缆。电缆芯线应符合前文有关规定，其中 PE 线应采用绿/黄双色绝缘导线。

每一台电动建筑机械或手持式电动工具的开关箱内，除应装设过载、短路、漏电保护电器外，还应按前文相关要求装设控制装置，隔离开关或具有可见分断点的断路器。正、反向运转控制装置中的控制电器应采用接触器、继电器等自动控制电器，不得采用手动双向转换开关作为控制电器。

二、电动建筑机械

1. 起重机械

塔式起重机的电气设备应符合现行国家标准《塔式起重机安全规程》GB 5144 中的要求，且应按本章第 5 节做重复接地和防雷接地。轨道式塔式起重机的电缆不得拖地行走，其接地装置的设置应符合下列要求：

(1)轨道两端各设一组接地装置。

(2)轨道的接头处作电气连接，两条轨道端部做环形电气连接。

(3)较长轨道每隔不大于 30m 加一组接地装置。

塔式起重机与外电线路的安全距离应符合表 12-13 的要求。

表 12-13 起重机与架空线路边线的最小安全距离

电压(kV) 安全距离(m)	<1	10	35	110	220	330	500
沿垂直方向	1.5	3.0	4.0	5.0	6.0	7.0	8.5
沿水平方向	1.5	2.0	3.5	4.0	6.0	7.0	8.5

需要夜间工作的塔式起重机，应设置正对工作面的投光灯。塔身高于 30m 时，应在塔顶和臂架端部设红色信号灯。

在强电磁波源附近工作的塔式起重机，操作人员应戴绝缘手套和穿绝缘鞋，并应在叫钩与机体间采取绝缘隔离措施，或在吊钩吊装地面物体时，在吊钩上挂接临时接地装置。外用电梯梯笼内、外均应安装紧急停止开关。外用电梯和物料提升机的上、下极限位置应设置限位开关。外用电梯和物料提升机在每日工作前必须对行程开关、限位开关、紧急停止开关、驱动机构和制动器等进行空载检查，正常后方可使用。检查时必须有防坠落措施。

2. 桩工机械

潜水式钻孔机电机的密封性能应符合现行国家标准《外壳防护等级(IP 代

码)》GB 4208 中的 IP68 级的规定。潜水式钻孔机开关箱中的漏电保护器必须符合前文关于开关箱中潮湿场所对漏电保护器的相关要求。潜水电机的负荷线应采用防水橡皮护套铜芯软电缆,长度不应小于 1.5m,且不得承受外力。

3. 夯土机械

夯土机械开关箱中的漏电保护器也必须符合同样要求。PE 线的连接点不得少于 2 处,负荷线应采用耐气候型橡皮护套铜芯软电缆。使用夯土机械必须按规定穿戴绝缘用品,使用过程应有专人调整电缆,电缆长度不应大于 50m。电缆严禁缠绕、扭结和被夯土机械跨越。多台夯土机械并列工作时,其间距不得小于 5m;前后工作时,其间距不得小于 10m。夯土机械的操作扶手必须绝缘。

4. 焊接机械

电焊机械开关箱中的漏电保护器也必须符合同样要求。交流电焊机械应配装防二次侧触电保护器。电焊机械应放置在防雨、干燥和通风良好的地方。焊接现场不得有易燃、易爆物品。

交流弧焊机变压器的一次侧电源线长度不应大于 5m,其电源进线处必须设置防护罩。发电机式直流电焊机的换向器应经常检查和维护,应消除可能产生的异常电火花。电焊机械的二次线应采用防水橡皮护套铜芯软电缆,电缆长度不应大于 30m,不得采用金属构件或结构钢筋代替二次线的地线。

5. 使用电焊机械焊接时必须穿戴防护用品。严禁露天冒雨从事电焊作业。

三、手持式电动工具

狭窄场所必须选用由安全隔离变压器供电的Ⅲ类手持式电动工具,其开关箱和安全隔离变压器均应设置在狭窄场所外面,并连接 PE 线。漏电保护器的选择也必须符合同样要求。操作过程中,应有人在外面监护。

空气湿度小于 75%的一般场所可选用Ⅰ类或Ⅱ类手持式电动工具,其金属外壳与 PE 线的连接点不得少于 2 处;除塑料外壳Ⅱ类工具外,相关开关箱中漏电保护器的额定漏电动作电流不应大于 15mA,额定漏电动作时间不应大于 0.1s,其负荷线插头应具备专用的保护触头。所用插座和插头在结构上应保持一致,避免导电触头和保护触头混用。

在潮湿场所和金属构架上操作时,必须选用Ⅱ类或由安全隔离变压器供电的Ⅲ类手持工电动工具。金属外壳Ⅱ类手持式电动工具使用时,必须符合上述要求;其开关箱和控制箱应设置在作业场所外面,在潮湿场所或金属构架上严禁使用Ⅰ类手持式电动工具。

手持式电动工具的外壳、手柄、插头、开关、负荷线等必须完好无损,使用前必须做绝缘检查和空载检查,在绝缘合格、空载运转正常后方可使用。绝缘电阻不应小于表 12-14 规定的数值。

表 12-14 手持式电动工具绝缘电阻限值

测量部位	绝缘电阻(MΩ)		
	Ⅰ类	Ⅱ类	Ⅲ类
带电零件与外壳之间	2	7	1

注:绝缘电阻用 500V 兆欧表测量。

手持式电动工具的负荷线应采用耐气候型的橡皮护套铜芯软电缆,并不得有接头。使用手持式电动工具时,必须按规定穿、戴绝缘防护用品。

四、其他电动建筑机械

混凝土搅拌机、插入式振动器、平板振动器、地面抹光机、水磨石机、钢筋加工机械、木工机械、盾构机构、水泵等设备的漏电保护也必须符合同样要求,负荷线必须采用耐气候型橡皮护套铜芯软电缆,并不得有任何破损和接头。

水泵的负荷线必须采用防水橡皮护套铜芯软电缆,严禁有任何破损和接头,并不得承受任何外力。盾构机械的负荷线必须固定牢固,距地高度不得小于 2.5m。对混凝土搅拌机、钢筋加工机械、木工机械、盾构机械等设备进行清理、检查、维修时,必须首先将其开关箱分闸断电,呈现可见电源分断点,并关门上锁。

第七节 临时用电照明

一、一般规定

在坑、洞、井内作业、夜间施工或厂房、道路、仓库、办公室、食堂、宿舍、料具堆放场及自然采光差等场所,应设一般照明、局部照明或混合照明。在一个工作场所内,不得只设局部照明。停电后,操作人员需及时撤离的施工现场,必须装设自备电源的应急照明。

现场照明应采用高光效、长寿命的照明光源。对需大面积照明的场所,应采用高压汞灯、高压钠灯或混光用的卤钨灯等。照明器的选择必须按下列环境条件确定:

(1)正常湿度一般场所,选用开启式照明器

(2)潮湿或特别潮湿场所,选用密闭型防水照明器或配有防水灯头的开启式

照明器

(3)含有大量尘埃但无爆炸和火灾危险的场所,选用防尘型照明器

(4)有爆炸和火灾危险的场所,按危险场所等级选用防爆型照明器

(5)存在较强振动的场所,选用防振型照明器

(6)有酸碱等强腐蚀介质场所,选用耐酸碱型照明器

照明器具和器材的质量应符合国家现行有关强制性标准的规定,不得使用绝缘老化或破损的器具和器材。

无自然采光的地下大空间施工场所,应编制单项照明用电方案。

二、照明供电

一般场所宜适用额定电压为 220V 的照明器。下列特殊场所应使用安全特低电压照明器:

(1)隧道、人防工程、高温、有导电灰尘、比较潮湿或灯具离地面高度低于 2.5m 等场所的照明,电源电压不应大于 36V。

(2)潮湿和易触及带电体场所的照明,电源电压不得大于 24V。

(3)特别潮湿场所、导电良好的地面、锅炉或金属容器内的照明,电源电压不得大于 12V。

使用行灯应符合下列要求:

(1)电源电压不大于 36V。

(2)灯体与手柄应坚固、绝缘良好并耐热耐潮湿。

(3)灯头与灯体结合牢固,灯头无开关。

(4)灯泡外部有金属保护网。

(5)金属网、反光罩、悬吊挂钩固定在灯具的绝缘部位上。

远离电源的小面积工作场地、道路照明、警卫照明或额定电压为 12～36V 照明的场所,其电压允许偏移值为额定电压值的－10％～5％;其余场所电压允许偏移值为额定电压值的±5％。

照明变压器必须使用双绕组型安全隔离变压器,严禁使用自耦变压器。照明系统宜使三相负荷平衡,其中每一单相回路上,灯具和插座数量不宜超过 25 个,负荷电流不宜超过 15A。携带式变压器的一次侧电源线应采用橡皮护套或塑料护套铜芯软电缆,中间不得有接头,长度不宜超过 3m,其中绿/黄双色线只可用 PE 线使用,电源插销应有保护触头。工作零线截面应按下列规定选择:

(1)单相二线及二相二线线路中,零线截面与相线截面相同。

(2)三相四线制线路中,当照明器为白炽灯时,零线截面不小于相线截面的 50％;当照明器为气体放电灯时,零线截面按最大负载相的电流选择。

(3)在逐相切断的三相照明电路中，零线截面与最大负载相相线截面相同。

室内、室外照明线路的敷设应符合本章第4节的有关要求。

三、照明装置

(1)照明灯具的金属外壳必须与PE线相连接，照明开关箱内必须装设隔离开关、短路与过载保护电器和漏电保护器，并应符合第5.6.2条5款和6款的规定。

(2)室外220V灯具距地面不得低于3m，室内220V灯具距地面不得低于2.5m。

普通灯具与易燃物距离不宜小于300mm；聚光灯、碘钨灯等高热灯具与易燃物距离不宜小于500mm，且不得直接照射易燃物。达不到规定安全距离时，应采取隔热措施。

(3)路灯的每个灯具应单独装设熔断器保护。灯头线应做防水弯。

(4)荧光灯管应采用管座固定或用吊链悬挂，荧光灯的镇流器不得安装在易燃的结构物上。

(5)碘钨灯及钠、铊、铟等金属卤化物灯具的安装高度宜在3m以上，灯线应固定在接线柱上，不得靠近灯具表面。

(6)投光灯的底座应安装牢固，应按需要的光轴方向将枢轴拧紧固定。

(7)螺口灯头及其接线应符合下列要求：

1)灯头的绝缘外壳无损伤、无漏电。

2)相线接在与中心触头相连的一端，零线接在与螺纹口相连的一端。

(8)灯具内的接线必须牢固，灯具外的接线必须做可靠的防水绝缘包扎。

(9)暂设工程的照明灯具宜采用拉线开关控制，开关安装位置宜符合下列要求：

1)拉线开关距地面高度为2～3m，与出入口的水平距离为0.15～0.2m，拉线的出口向下。

2)其他开关距地面高度为1.3m，与出入口的水平距离为0.15～0.2m。

(10)灯具的相线必须经开关控制，不得将相线直接引入灯具。

(11)对夜间影响飞机或车辆通行的在建工程及机械设备，必须设置醒目的红色信号灯，其电源应设在施工现场总电源开关的前侧，并应设置外电线路停止供电时的应急自备电源。

第十三章　建筑电气设计与施工图

第一节　建筑电气设计概述

建筑电气从广义上讲，包括工业与民用建筑电气两大类。本章重点是民用建筑电气的设计内容。为了保证设计的质量，在设计过程中应做到：设计依据完备可靠；设计程序严谨合理；设计内容正确详细；设计深度满足实际需要；设计文件规范，符合相关规定；设计变更原因清楚，责任分明，有据可查。

一、建筑电气设计的范围、原则和依据

1. 建筑电气设计的范围

(1)明确工程的内部线路与外部线路的分界点。通常是由建设单位(甲方)与有关部门商量确定，其分界点可在红线以内，也可在红线以外。例如，供电线路及工程的接电点，有可能在红线以外。

(2)明确工程电气设计的具体分工和相互交接的边界。在与其他单位联合设计或承招工程中某几项的设计时，必须明确具体分工和相互交接的边界，以免出现整个工程图彼此脱节。

2. 建筑电气设计的原则

建筑电气的设计应当符合现行的国家标准和设计规范，应遵守有关行业、部门和地区的特殊规定和规程。此外，仍需遵循以下原则：

(1)满足使用要求和安全用电。

(2)方案要技术先进、经济合理和管理方便。

(3)留有适当的发展空间。

3. 建筑电气设计的依据

(1)建筑电气工程设计，必须根据工程项目的正式批文、招标文件、设计委托书进行，它们是设计工作的法律依据与责任凭证。

上述文件中关于设计的性质、设计任务的名称、设计范围的界定、投资额度、工程时限、设计变更的处理、设计取费及其方式等重要事项必须有明确的文字规

定，并经各有关方面签字用印认定，方能作为设计依据。民用建筑电气工程的设计必须有明确的使用要求及自然的和人工的约束条件作为客观依据，它们由以下原始资料构成：

1)建筑总平面图、建筑内部空间与电气相关的建筑设计图。

2)用电设备的名称、容量、空间位置、负荷的时变规律、对供电可靠性与控制方式的要求等资料。

3)与城市供水、供电、有线电视、通信等网络接网的条件与方式等方面的资料。

4)建筑物在雷害、火灾、震灾与安全等方面特殊潜在危险的必要说明资料。

5)建筑物内部与外部交通条件、交通负荷方面的说明资料。

6)电气设计所需的大气、气象、水文、地质、地震等自然条件方面的资料。

建设单位应尽可能提供必要的资料，对于确属需要而建设单位又不能提出的资料，设计单位可协助或代为调研编制，再由建设单位确认后，作为建设单位提供的资料。

(2)与民用建筑电气设计有关的国家法令和标准规范。

1)法令包括：《中华人民共和国建筑法》、《中华人民共和国电力法》、《中华人民共和国消防法》、《建设工程质量管理条例》、《中华人民共和国工程建设标准强制性条文》(房屋建筑部分)。

2)国家标准规范如下：

《民用建筑电气设计规范》JGJ 16—2008

《20kV 及以下变电所设计规范》GB 50053—2013

《低压配电设计规范》GB 50054—2011

《通用用电设备配电设计规范》GB 50055—2011

《电热设备电力装置设计规范》GB 50056—1993

《建筑物防雷设计规范》GB 50057—2010

《爆炸危险环境电力装置设计规范》GB 50058—2014

《35～110kV 变电所设计规范》GB 50059—2011

《66kV 及以下架空电力线路设计规范》GB 50061—2010

《供配电系统设计规范》GB 50052—2009

《3～110kV 高压配电装置设计规范》GB 50060—2008

《电力装置的继电保护和自动装置设计规范》GB/T 50062—2008

《高层民用建筑设计防火规范(2005 版)》GB 50045—1995

《建筑设计防火规范》GB 50016—2006

《火灾自动报警系统设计规范》GB 50116—2013

《安全防范工程设计技术规范》GB 50348—2004

《建筑与建筑群综合布线系统工程系统设计规范》GB/T 50311—2007

二、建筑电气设计的内容分类

设计内容包括高、低压配电系统、电力配电系统、电气照明配电系统、防雷接地系统和智能建筑系统的设计等。设计的内容通过施工图来表达。

现代建筑趋于多元化的风格，高度大、面积大、功能复杂，电气设计内容也日趋复杂，项目繁多。建筑电气设计从狭义上仅指民用建筑中的电气设计，从广义上讲应该包括工业建筑、构筑物和道路、广场等户外工程。

传统建筑电气设计只包括供电和照明，而今天一般将其设计的内容形容为强电和弱电。将供电、照明、防雷归类在强电，而其余部分，如电话、电视、消防和楼宇自控等内容统统归于弱电。这种分类以电压的高低为依据，强调了电气设计中所增加的消防、电信和自控内容与传统电气设计内容完全不同，容易理解，所以很快被人们所接受。

但在建筑电气中强电和弱电系统相互交叉，界线已经越来越模糊。比如，动力设备的二次控制回路，其电压可能很低；消防回路中的联动也与照明、动力系统密不可分；人防设计、保安设计等功能性设计，其内容不仅是弱电信号的报警，同时也包含有动力、照明的连锁反应。又比如，防雷接地，强弱电都要求，而且多数情况下是共用一组接地装置。根据《国家注册电气工程师考试大纲》，将电气工程师分为输配电和供配电两个专业。建筑电气设计的内容应与后者相适应，它既包括强电的内容也包括弱电的内容。所以从理论上说建筑电气设计是电学科多专业的综合。

第二节　建筑电气设计程序

一般完成了项目可行性研究，业主确定了投资方案后，开始进行建筑电气的专业设计的。分为方案设计、初步设计、施工图设计三个阶段。

一、方案设计阶段

1. 建筑电气方案设计文件编制的深度原则

应满足编制初步设计文件的需要；宜因地制宜正确选用国家、行业和地方建筑标准设计；对于一般工业建筑（房屋部分）工程设计，设计文件编制深度尚应符合有关行业标准的规定；当设计合同对设计文件编制深度另有要求时，设计文件编制深度应同时满足设计合同的要求。

2. 建筑电气设计说明

(1)设计范围。本工程拟设置的电气系统。

(2)变配电系统。确定负荷级别,进行负荷估算、确定外供电源的回路数、容量、电压等级。然后确定变、配电所的位置、数量、容量。

(3)应急电源系统。确定备用电源和应急电源形式。

(4)照明、防雷、接地、智能建筑设计的相关系统内容。

二、初步设计阶段

建筑电气初步设计文件编制的深度原则:应满足编制施工图设计文件的需要。当设计合同对设计文件编制深度另有要求时,设计文件编制深度应同时满足设计合同的要求。建筑电气初步设计内容有设计说明书、设计图纸、主要电气设备表和计算书等。

1. 设计说明书

(1)设计依据

1)建筑类别、性质、面积、高度、层数、结构形式等。

2)相关专业提供给本专业的工程设计资料。

3)建设方提供的有关职能部门认定的工程设计资料,建设方的设计要求。

4)相应的国家标准及法规。

(2)设计范围

1)本专业的设计工作内容和分工。

2)本工程拟设置的电气系统。

(3)变、配电系统

确定负荷等级和各类负荷容量。确定供电电源及电压等级、电源由何处引来、电源数量及回路数、电缆埋地或架空、近远期发展情况。备用电源和应急电源容量确定原则及性能要求;有自备发电机时,说明启动方式及与市电网关系。高、低压供电系统结线形式及运行方式;正常工作电源与备用电源之间的关系;母线联络开关运行和切换方式;变压器之间低压侧联络方式;重要负荷的供电方式。变、配电站的位置、数量、容量。备技术条件和选型要求;总用电负荷分配情况;重要负荷的考虑及其容量;总电力供应主要指标。继电保护装置的设置。电能计量装置;专用柜或非专用柜;监测仪表的配置情况。功率因数补偿方式;操作电源和信号;工程供电高低压进出线路的型号及敷设方式。

(4)配电系统

电源来源;电压等级;配电方式;重要负荷的供电措施。导线、电缆、母线的选择及敷设方式;开关、插座、配电箱、控制箱等配电设备选型及安装方式;电动机启动及控制方式的选择。

(5)照明系统

照明种类及照度标准;光源及灯具的选择;照明灯具的安装及控制方式;室外照明的种类、电压等级;光源选择及其控制方式;照明线路的选择及敷设方式。

(6)建筑物防雷

确定防雷类别;防直接雷击、防侧击雷、防雷击电磁脉冲、防高电位侵入的措施;利用建筑物混凝土内钢筋作接闪器、引下线、接地装置时应说明采取的措施和要求。

(7)接地及安全

本工程各系统要求接地的种类及接地电阻要求;总等电位、局部等电位的设置要求;接地装置要求,当接地装置需做特殊处理时,应说明采取的措施、方法等;安全接地及特殊接地的措施。

此外,还需对热工检测及自动调节系统、火灾自动报警系统、通信系统、有线电视系统、闭路电视系统等进行确定。

2. 设计图纸

电气总平面图;变、配电系统;照明系统;热工检测及自动调节系统;火灾自动报警系统;通信系统;防雷系统;接地系统;其他系统。

3. 主要电气设备表

注明设备名称、型号、规格、单位、数量。

4. 设计计算书

用电设备负荷计算;变压器选型计算;电缆选型计算;系统短路电流计算;防雷类别计算及避雷针保护范围计算。各系统计算结果还应标示在设计说明或相应图样中。因条件不具备不能进行计算的内容,应在初步设计中说明,并应在施工图设计时补算。

施工图样的设计,见本章第3节的内容。

第三节 建筑电气施工图

一、电气工程施工图的组成

一项工程的电气设计施工图一般是由系统图、平面图、设备布置图、安装图、电气原理图等内容组成。不同电气工程的工程图样的种类和数量也是不同的。

1. 系统图

系统图是用来表示系统的网络关系的图样,应表示出系统的各个组成部分之间的相互关系、连接方式，以及各组成部分的电气元件和设备及其特性参数。通过系统图可以了解工程的全貌和规模。

当工程规模大、网络比较复杂时，为了表达更简洁、方便，也可先画出各干线系统图，然后分别画出各子系统，层层分解，有层次地表达。

2. 平面图

平面图是表示所有电气设备和线路的平面位置、安装高度，设备和线路的型号、规格，线路的走向和敷设方法、敷设部位的图样。在平面图上还可加注该图的施工说明和简要的设备材料表。对较复杂的工程应绘出局部平、剖面图。

3. 设备布置图

设备布置图通常由平面图、立面图、剖面图及各种构件详图等组成，用来表示各种电气设备的平面与空间位置相互关系及安装方式。这类图一般都是按三视图的原理绘制的工程图。

4. 安装图

安装图是表示电气工程中某一部分或某一部件的具体安装要求和做法的图样，同时还表明安装场所的形态特征。安装图多采用国家标准图集、地区性通用图集、各设计单位自编的图集作为选用的依据。仅对个别非标准的工程项目，才进行安装详图设计。且一定要结合现场情况，结合设备、构件尺寸详细绘制。

5. 电气原理图

电气原理图是表示某一具体设备或系统的电气工作原理的图样，其作用是指导具体设备与系统的安装、接线、调试、使用与维护。在电气原理图上，通常用文字简要地说明控制原理或动作过程。同时，在图样上还应列出原理图中的电气设备和元件的名称、规格型号及数量。

二、建筑电气施工图的识读

电气工程图是建筑电气工程领域的工程技术语言，是用来阐述电气系统的工作原理、描述产品的构成和功能、提供安装和使用信息的重要工具和手段。电气工程设计人员根据电器动作原理或安装配线要求，将所需要的电源、负载及各种电气设备，按照国家规定的画法和符号画在图样上，并标注一些必要的能够说明这些电气设备和电气元件名称、用途、作用以及安装要求的文字符号，构成完整的电气工程图样。电气工程施工、设备运行维护技术人员则按照工程图样进行安装、调试、维修和检查电气设备等工作。

1. 电气识图的基本知识

了解电气工程图的种类、特点及在工程中的作用；了解国家有关工程施工的政策和法令、现行的国家标准和施工规范；了解各种电气图形符号以及识图的基本方法和步骤等。并在此基础上将对图样中难以读懂、表达不清和表示错误的部分一一记录，待设计图样会审（交底）时向设计人员提出，并协商后得出设计人员认可的结论。

（1）注意标题栏的完整性

（2）建筑电气施工图一般由图样目录、设计说明、材料表和图样组成。按照工程图样的性质和功能，又可以分为系统图、平面图、电路原理图、接线图、设备布置图、大样图等多种形式。电气工程图中常用的线条有以下几种：

1）粗实线表示主回路，电气施工图的干线、支线、电缆线、架空线等。

2）细线表示控制回路或一般线路。电气施工图的底图（即建筑平面图）。

3）长线表示事故照明线路，短虚线表示钢索或屏蔽。

4）点线表示控制和信号线路。

此外，建筑电气专业常用的线型还有电话线；接地母线、电视天线、避雷线等多种特殊形式，必要时，可在线条旁边标注相关符号或文字，以便区分不同的线路。

（3）比例

一般用于电气设备安装及线路敷设的施工平面图，需要按照比例来绘制。比例大小无具体规定，一般情况下，照明或动力平面布置图为 1∶50、1∶100 或 1∶200。电气系统图、原理图及接线控制图可不按比例绘制。

（4）标高

为了电气设备安装和线路敷设的方便，在图中标出敷设标高，设备安装和敷设位置的高度均以该层地平面为基准。

2. 识图的基本步骤

阅读建筑电气工程图时，阅读图样的顺序没有统一的规定，读者可以根据需要自己灵活掌握。下面列举了常用的读图顺序：

（1）图样说明书。图样说明书一般作为整套图样的首页，包括图样目录、技术说明、元件明细表和施工说明书等。

（2）系统图。

（3）电路图。对于较为复杂的电路图，应先阅读相关的逻辑图和功能图。一般情况下，首先要分清一次（主）电路和二次（辅助）电路、交流电路和直流电路。其次按照一次、二次电路的顺序读图。分析一次电路时，通常从电气设备开始，经控制元件，顺次向电源看。分析二次电路时，先找到电源，再顺次看各条回路，分析各回路元件的工作情况及其对主电路的控制关系。

（4）平面布置图和剖面图。看平面布置图时，先了解建筑物平面概况，然后看电气主要设备的位置布置情况，结合建筑剖面图进一步搞清设备的空间布置。

3. 常用电气工程图形及文字符号

电气图中的图形、符号、文字都有统一的国家标准。目前相关的最新国家标准为《电气简图用图形符号》GB/T 4278 系列和《电气设备用图形符号》GB/T 5465.2—2008。

三、建筑电气施工图的设计

1. 建筑电气施工图设计文件的编制深度原则

(1)应满足设备材料采购、非标准设备制作和施工的需要。对于将项目分别发包给几个设计单位或实施设计分包的情况，设计文件相互关联处的深度应当满足各承包或分包单位设计的需要。

(2)因地制宜正确选用国家、行业和地方标准。

(3)对于一般工业建筑(房屋部分)工程设计，设计文件编制深度还应符合有关行业标准的规定。

(4)当设计合同对设计文件编制深度另有要求时，设计文件编制深度应同时满足设计合同的要求。

2. 施工设计说明

(1)工程设计概况：应录入经审批定案后的初步设计说明书(或方案)中的主要指标。

(2)各系统的施工要求和注意事项(包括布线、设备安装等)。

(3)设备定货要求(也可附在相应图样上)。

(4)防雷及接地保护等其他系统有关内容(也可附在相应图样上)。

(5)本工程选用的标准图图集编号、页号。

3. 设计图样

(1)电气总平面图(仅有单体设计时，可无此项内容)

1)标注建筑物名称或编号、层数或标高、道路、地形等高线和用户的安装容量。

2)标注变、配电站的位置、编号；变压器台数、容量；发电机台数、容量；室外配电箱的编号、型号；室外照明灯具的规格、型号、容量。

3)架空线路应标注线路规格及走向、回路编号、杆位编号、挡数、挡距、杆高、拉线、重复接地、避雷器等(附标准图集选择表)。

4)电缆线路应标注线路走向、回路编号、电缆型号及规格、敷设方式(附标准图集选择表)、人孔位置。

5)比例,指北针。

6)图中未表达清楚的内容可附图做统一说明。

(2)供电系统

建筑供电主要是解决建筑物内用电设备的电源问题。包括变配电所的设置、线路计算、设备选择等。

1)电力负荷的计算。电力负荷是供电设计的依据参数。计算准确与否,对合理选择设备、安全可靠与经济运行,均起着决定性的作用。负荷计算的基本方法有:需要系数法、单位负荷法等。

2)短路电流计算。计算各种故障情况,以确定各类开关电器的整定值、延时时间。

3)变配电所设计。变配电所的负荷计算;无功功率补偿计算;变配电室的位置选择;确定电力变压器的台数和额定容量的计算;选择主接线方案;开关容量的选择和短路电流的计算;二次回路方案的确定和继电保护的选择与整定;防雷保护及接地装置的设计;变配电所内的照明设计;编制供电设计说明书;编写电气设备和材料清单;绘制配电室供电平面图;二次回路图及其他施工图。

4)低压配电线路设计。确定各区域总配电箱、分箱的位置,根据线路允许电压降等因素确定干线的走向,管材型号和规格、导线截面等。低压配电系统的接线、主要设备选择、导线及敷设方式的选择、低压系统接地方式选择等。

5)电气设备选择。现代建筑要求电气设备防火、防潮、防爆、防污染、节能及小型化。主要有电源设备、高低压开关柜、电力变压器、电缆电线、母线槽、开关电器、照明灯具、电信产品、消防安防产品、楼宇自控产品等。

6)继电控制与保护。应选用标准图或通用图,当需要对所选用标准图或通用图进行修改时,只需绘制修改部分并说明修改要求。控制柜、直流电源及信号柜、操作电源均应选用企业标准产品,图中标示相关产品型号、规格和要求。

(3)照明系统

照明平面图,应包括建筑门窗、墙体、轴线、主要尺寸,标注房间名称,绘制配电箱、灯具、开关、插座、线路等平面布置,标明配电箱编号,干线、分支线回路编号、相别、型号、规格、敷设方式等;凡需二次装修部位,其照明平面图随二次装修设计,但配电或照明平面图上应相应标注预留的照明配电箱,并标注预留容量;图样应有比例。

(4)防雷及接地

防雷类别和采取的防雷措施(包括防侧击雷、防击电磁脉冲、防高电位引入),接地装置形式,接地极材料要求、敷设要求、接地电阻值要求。强弱电接地系统和等电位联结系统。

(5)智能建筑系统

1)防火。火灾自动报警系统、通信和消防联动控制系统等。涉及到水专业的喷淋泵、消防泵;暖通专业的防排烟系统;建筑专业的防火分区及防火卷帘(门)的布置。

2)防盗。闭路监视系统、巡更系统、传呼系统、车库管理系统等。

3)电视。应合理确定电视的信号源及电视机输入端的电平范围。视频同轴电缆、高频插接件、线路放大器、分配器、分支器的选择等。

4)电话。电话设备的容量、站址的选定、供电方式、线路敷设方式、分配方式、主要设备的选择、接地要求等。

5)音响广播。音响广播设计包括公众广播、客房音响、高级宴会厅的独立音响、舞厅音响等。公众音响平时播放背景音乐,发生火灾时,兼作应急广播用。

6)计算机网络系统。计算机网络设备的出现是随着信息工业的发展而出现在建筑物中的新事物。信息时代的到来,使我们的工作、学习和生活更加便利和多元化。

7)电脑管理系统。电脑管理系统是指对建筑物中人流、物流进行现代化的电脑管理,如车库管理、饭店管理等子系统。

8)楼宇自控。包括根据工艺要求而采用的自动、手动、远程控制、联锁等要求;集中控制或分散控制的原则;信号装置、各类仪表和控制设备的选择等。楼宇自控是智能建筑的基本要求,也是建筑物功能发展的时代产物。

(6)主要设备表

注明主要设备名称、型号、规格、单位、数量。

(7)计算书

施工图设计阶段的计算书,只补充初步设计阶段时应进行计算而未进行计算的部分,修改因初步设计文件审查变更后,需重新进行计算的部分。

附录　各类建筑照明标准值

表 1.1　其他居住建筑照明标准值

房间或场所		参考平面及其高度	照度标准值(lx)
职工宿舍		地面	100
老年人卧室	一般活动	0.75m 水平面	150
	床头、阅读		300*
老年人起居室	一般活动	0.75m 水平面	200
	书写、阅读		500*
酒店式公寓		地面	150

注：* 指混合照明照度。

表 1.2　图书馆建筑照明标准值

房间或场所	参考平面及其高度	照度标准值(lx)
一般阅览室、开放式阅览室	0.75m 水平面	300
多媒体阅览室	0.75m 水平面	300
老年阅览室	0.75m 水平面	500
珍善本、舆图阅览室	0.75m 水平面	500
陈列室、目录厅(室)、出纳厅	0.75m 水平面	300
档案库	0.75m 水平面	200
书库、书架	0.25m 垂直面	50
工作间	0.75m 水平面	300
采编、修复工作间	0.75m 水平面	500

表 1.3　办公建筑照明标准值

房间或场所	参考平面及其高度	照度标准值(lx)
普通办公室	0.75 水平面	300
高档办公室	0.75 水平面	500
会议室	0.75 水平面	300
视频会议室	0.75 水平面	750
接待室、前台	0.75 水平面	200
服务大厅、营业厅	0.75 水平面	300
设计室	实际工作面	500
文件整理、复印、发行室	0.75 水平面	300
资料、档案存放室	0.75 水平面	200

注：此表适用于所有类型建筑的办公室和类似用途场所的照明。

表 1.4　商店建筑照明标准值

房间或场所	参考平面及其高度	照度标准值(lx)
一般商店营业厅	0.75 水平面	300
一般室内商业街	地面	200
高档商店营业厅	0.75 水平面	500
高档室内商业街	地面	300
一般超市营业厅	0.75 水平面	300
高档超市营业厅	0.75 水平面	500
仓储式超市	0.75 水平面	300
专卖店营业厅	0.75 水平面	300
农贸市场	0.75 水平面	200
收款台	台面	500*

注：* 指混合照明照度。

表 1.5　观演建筑照明标准值

房间或场所		参考平面及其高度	照度标准值(lx)
门厅		地面	200
观众厅	影院	0.75m 水平面	100
	剧场、音乐厅	0.75m 水平面	150
观众休息厅	影院	地面	150
	剧场、音乐厅	地面	200
排演厅		地面	300
化妆室	一般活动区	0.75m 水平面	150
	化妆台	1.1m 高处垂直面	500*

注：* 指混合照明照度。

表 1.6　旅馆建筑照明标准值

房间或场所		参考平面及其高度	照度标准值(lx)
客房	一般活动区	0.75m 水平面	75
	床头	0.75m 水平面	150
	写字台	台面	300*
	卫生间	0.75m 水平面	150
中餐厅		0.75m 水平面	200
西餐厅		0.75m 水平面	150
酒吧间、咖啡厅		0.75m 水平面	75
多功能厅、宴会厅		0.75m 水平面	300
会议室		0.75m 水平面	300
大堂		地面	200

（续）

房间或场所	参考平面及其高度	照度标准值(lx)
总服务台	台面	300*
休息厅	地面	200
客房层走廊	地面	50
厨房	台面	500*
游泳池	水面	200
健身房	0.75m 水平面	200
洗衣房	0.75m 水平面	200

注：* 指混合照明照度。

表 1.7　医疗建筑照明标准值

房间或场所	参考平面及其高度	照度标准值(lx)
治疗室、检查室	0.75m 水平面	300
化验室	0.75m 水平面	500
手术室	0.75m 水平面	750
诊室	0.75m 水平面	300
候诊室、挂号厅	0.75m 水平面	200
病房	地面	100
走道	地面	100
护士站	0.75m 水平面	300
药房	0.75m 水平面	500
重症监护室	0.75m 水平面	300

表 1.8　教育建筑照明标准值

房间或场所	参考平面及其高度	照度标准值(lx)
教室、阅览室	课桌面	300
实验室	实验桌面	300
美术教室	桌面	500
多媒体教室	0.75m 水平面	300
电子信息机房	0.75m 水平面	500
计算机教室、电子阅览室	0.75m 水平面	500
楼梯间	地面	100
教室黑板	黑板面	500*
学生宿舍	地面	150

注：* 指混合照明照度。